JN098942

しっかり学べる

送配電工学

箕田 充志 著

電気書院

まえがき

　送配電工学は，電気エネルギーを発電所から需要家まで安定供給するための理論や技術を扱います．

　人類が電気エネルギーを利用し始めてから，文明は飛躍的に発達しました．これに伴い，電気エネルギーの消費も著しく増加しています．我々はなぜ電気エネルギーを扱うのでしょうか．

　電気エネルギーは他のエネルギーと比較し，人々にとって利用しやすい特長をもっています．クリーンで他のエネルギーとは比較にならないほど高速度で伝達されます．我々の暮らしを豊かにする製品は，コンピュータやTVなど電気エネルギーを使わなければ動作しないものは無論のこと，暖房器具や工具など電気エネルギーを使えば利便性が向上するものまで多種多様に溢れています．電気エネルギーを使うと人々の生活がより便利で快適なものになります．それゆえ，我々は電気エネルギーを利用し，あらゆる産業になくてはならない必要不可欠なものとして扱っています．

　電気エネルギーは各種発電所でつくられ我々のところまで送られます．現在では，再生可能エネルギーを用いた発電システムも普及し，電気エネルギーを扱う技術が重要となります．

　さて，電気エネルギーはどのような理論と技術により，安全かつ安定して送られてくるのでしょうか．電気エネルギーを安定して利用できなければ，我々の生活は成り立ちません．

　電気エネルギーを伝送する技術を扱う送配電工学は，さまざまな進化を続けています．送配電工学分野では，古くから多数の書物が出版されてきました．

　この度，筆者は高等専門学校において，学生にわかりやすく送配電工学の内容を講義できることに重点をおき執筆しました．執筆にあたり多くの書物を参考に，できるだけ平易な説明に努め，図や写真を多用しました．掲載した多数の写真やデータは，中国電力ネットワーク株式会社をはじめ多くの機関にご協力をいただきました．

　なお，送配電工学の進歩と変遷により，一変した技術も少なくなく，筆者の思

い違いによる不適当な記述があれば，是非ご叱正頂けますと幸いです．

　本書が，送配電工学を学ぶ学生の理解を少しでも助けるものになり，得られた基礎的な知識が，今後のエネルギー社会を考えるきっかけとなることを願っています．

　最後に，本書の発刊に対し，多大なご協力をいただきました中国電力ネットワーク株式会社および中国電力株式会社の関係者の皆様，資料をご提供いただきました関係者の皆様，出版にご快諾いただきました電気書院出版部の皆様に深くお礼申し上げます．

2022年9月

箕田充志

目次

1 総論

1.1 送配電の歴史的背景

　電気エネルギーを利用するため，送配電は我々の生活に必要不可欠な技術である．発電した電気を需要家が利用するためには，商用ベースで電気事業が発展する必要がある．

　歴史的に見ると，世界最初の電気事業は1880年代にアメリカで実現した．1881年にエジソンが白熱電灯を実用化し，その翌年1882年に電力会社を設立した．このときの電力供給は110Vの直流で行われた．

　我が国においては，1887年に東京電燈株式会社が直流210Vで事業を開始した．その後，各地に直流方式を採用した電力会社が設立された．

　送配電において，低い電圧で電気エネルギーを送ると効率が悪くなる．1000Wを送る場合，電圧と電流の組合せは様々である．ここでは，簡略化のため抵抗分だけに着目して考える．電線の抵抗Rは式（1-1），図1-1で示される．

$$R = \rho \frac{l}{S} \tag{1-1}$$

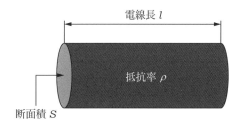

ρ：抵抗率 $[\Omega \cdot \mathrm{m}]$　　l：電線長 $[\mathrm{m}]$　　S：断面積 $[\mathrm{m}^2]$

図1-1　電線の抵抗

　このとき，ジュール損失はI^2R $[\mathrm{W}]$で示される．例えば，(a) 電圧100V，電流10Aの場合には，損失$100\,R$ $[\mathrm{W}]$，(b) 電圧1000V，電流1Aの場合には，

損失 R [W] となり，(a)の条件と比較して(b)の条件において損失は $1/100$ となる．

　電線の長さや抵抗率は著しく変化しないため，(a)，(b)の条件で同じ損失を見込むなら，(a)の電線の断面積は 100 倍にする必要がある．しかし，電線の断面積が増えると重量が増加し，電線を支持する構造物に大きな影響を与えるため現実的ではない．一方，電圧 100 kV，電流 0.01 A のように電圧を高くすることが可能であれば，送配電に伴う損失をさらに削減することができる．

　この場合，電線から放電が発生しないように電気絶縁を強化する必要がある．ここではイメージしやすいように，抵抗による損失だけに着目して高電圧化が有利と記したが，実際にはインダクタンス L や静電容量 C など他の要素も密接に関係する．

　さて，送配電においては高電圧化が望ましいことから，電気事業開始当時には直流高電圧を利用するため，直流発電機を高電圧化することや，直列に複数台接続する方法がとられた．しかしながら，電圧を自由に昇降することは容易ではなかった．このように，直流は高電圧化が難しかったことから，直流送電において電力を増大させるには大電流を用いる必要性があった．その場合，電圧降下や損失が増加し長距離送電が難しいという問題が生じた．したがって，発電は需要地の近くで行われ，都市中心部では火力発電，山地近くの工場用では水力発電を用いたシステムが用いられた．

　この問題を解決するため，1885 年にニコラ・テスラによる交流方式による電力事業が開始された．交流は変圧器を用いると電圧の昇降が容易であり，比較的簡単に高電圧を利用することができた．例えば，発電所から需要家まで長距離を担う送電では高電圧を用い，需要家が使用する際には安全に考慮して低電圧に降圧できる．

　このことから，システム全体で考えると，交流方式が直流方式と比較して優位となった．我が国においても，大阪電燈会社が 1889 年に交流を採用した．その後，現在に至るまで各地で交流方式が利用されている．また交流は，正弦波であることから，$0°$（0 [rad]）と $180°$（π [rad]）に零点を有する．これは，直流と比較してスイッチングの際にも有利となる．

　図 1-2 および図 1-3 に送電電圧の推移状況を示す．年々，電力系統の規模が拡大し高電圧化が進んだ．現在では，世界においては 1000 kV 級，我が国においては 500 kV 級まで送電電圧が上昇している．

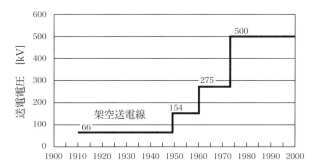

［出典］電気学会雑誌「架空送電用電線の変遷」122巻3号，pp.172-175（2002）を参考に図を作成

図1-2 我が国における架空送電路の送電電圧の推移

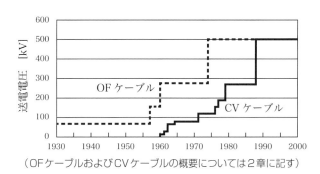

（OFケーブルおよびCVケーブルの概要については2章に記す）

［出典］電気学会雑誌「電力ケーブル技術の変遷」121巻2号，pp.123-126（2001），図3，図9を参考に図を作成

図1-3 我が国における電力ケーブルの送電電圧の推移

　一方，直流送電は送電線路に話を限ると交流に比べて有利な点が多い．損失においては，交流送電ではリアクタンス（X）成分を考慮する必要がある．送電線においては抵抗Rに比べXが遥かに大きい．

　直流ではX成分による影響はないが，交流の場合，周波数が関係するためωL分による損失が生じる．また，電線と地面との間に$\frac{1}{\omega C}$成分が存在する．送電線が短い場合には，ほとんど考慮しなくて良いが，長距離になると影響は無視できない．このとき，静電容量Cを通じて電流が流れ送電効率を低下させる．これらの理由から，直流送電は交流送電式に比べ有利となる．

　総合して考えると，電力の発生や利用，電圧の昇降は交流が有利であることから，交流で発電して変圧器で昇圧した後，直流に変換して直流送電し，再び交流に変換して変圧器で適切な電圧に降圧して利用する組合せが合理的と考えられる．

　近年，電力用半導体素子の性能が向上している．高電圧・大容量の交流－直流変換装置の導入が促進されると，それに伴い直流送電の期待が高まる．

1.2　電力系統

　電力系統は，発電所や変電所，送電システム，配電システム，需要家から構成される．発電した電気エネルギーは，送電線と配電線を通じて需要家へ送られる．需要家とは，一般家庭や工場など，電気エネルギーの供給を受け，使用（消費）する者を示す．このとき，電圧を変化させる箇所には変電所が設置されている．

　変電所は，発電所で発電した電気エネルギーを効率よく需要家へ供給するため，変圧器を用いて電圧を昇降させる．電気エネルギーを扱う際，重要な役割を果たす．

　電力系統の構成例を図1-4に示す．電圧階級は需要家に近づくにつれ低くなる．発電所で発電された電気は，発電所内の第一鉄塔から送られる．発電機の電圧は数kV～20 kV程度であるが，併設された変電所で500 kVや275 kVという高電圧に昇圧される．

　その後，送電線を経由し超高圧変電所で154 kVまで降圧する．さらに，一次変電所において66 kV程度に降圧する．この電圧階級で大規模工場に送電され，施設内の変電設備で必要な電圧に変圧される場合もある．

　66 kV～22 kVに降圧された電気は，配電用変電所へ送られ6.6 kVに変圧される．大規模なビルや中規模工場へはこの電圧階級で配電されることも多い．

　通常，街中の電線の電圧は6.6 kVであり，一般需要家においては，電柱の上にある柱上変圧器で100 Vまたは200 Vに変圧され，引込線から供給される．

　発電所から配電用変電所まで経由する電線を送電線という．配電用変電所から各家庭まで経由する電線を配電線という．

　なお，一般に変圧器は電源側（入力）に接続されている巻線を一次巻線，負荷側（出力）を二次巻線と呼ぶことから，電力系統においては，発電所側が一次側，需

要家側が二次側となる.

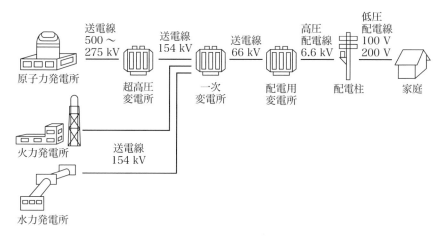

送電線
500～
275 kV

原子力発電所

超高圧
変電所

送電線
154 kV

一次
変電所

送電線
66 kV

配電用
変電所

高圧
配電線
6.6 kV

低圧
配電線
100 V
200 V

配電柱

家庭

火力発電所

送電線
154 kV

水力発電所

[出典]『よくわかる発変電工学』, 箕田他, 電気書院, 2012

図1-4　電力系統

　図1-5に中国地区における主な送電系統を示す. 図1-6に示される中央給電指令所で, 電気の使用量に応じて発電量をコントロールする需給運用および, 電気の流れをコントロールする系統運用を行っている.

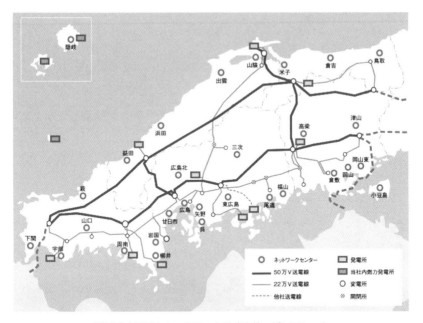

[出典] 中国電力ネットワーク株式会社　パンフレット

図1-5　中国地区における主な送電系統

[出典] 中国電力ネットワーク株式会社　パンフレット

図1-6　中央給電指令所

1.3 商用周波数

　世界的に，電力系統では50 Hzまたは60 Hzの周波数が主流である．これを商用周波数と呼ぶ．多くの国では，いずれか1種類が採用されている．

　しかしながら，我が国の商業ベースで利用される周波数は，図1-7に示すように50 Hzと60 Hzの2種類である．同一国で周波数が異なることは珍しい．

[出典] 中国電力ネットワーク株式会社　パンフレット

図1-7　商用周波数

　歴史的に見ると，電気事業開始時に東京ではドイツのAEG社から50 Hzの交流発電機を輸入し，大阪ではアメリカGE社から60 Hzの交流発電機を輸入したことが発端である．発電所を増設するためには，周波数を同じにする必要があるため，各地域でそれぞれの発電機が導入され拡大した．その過程で，全国的に同一の周波数に揃える動きがあったが，経済的な観点から東日本が50 Hz，西日本が60 Hzに統一され現在に至っている．

　現在では，沖縄電力を除いた9社（北海道電力，東北電力，北陸電力，東京電力，中部電力，関西電力，中国電力，四国電力，九州電力）の電力系統をつなげ電力を融通している．なお，電力自由化に伴い電力会社が送配電事業部門を分社化した（2020年現在：北海道電力ネットワーク，東北電力ネットワーク，北陸電力送配電，東京電力パワーグリッド，中部電力パワーグリッド，関西電力送配電，中国電力ネットワーク，四国電力送配電，九州電力送配電，沖縄電力）．

　電力系統で50 Hzと60 Hzを連携するため，周波数変換所が中間地点に設けられている．1965年，佐久間周波数変換所（図1-8）が，世界初の電気事業用周波数変換設備として完成し，50 Hzと60 Hzの電力系統が水銀整流器を通して初めて連携された．現在は，図1-9に示すように，大容量の交流－直流の変換は，サイリスタバルブによって行われている．

　また，2011年の東日本大震災の影響で，50 Hzと60 Hzの電力の融通は周波数変換所の容量で制限されることが身近な問題として取り上げられた．当時，長野県新信濃周波数変換所（FC）600 MW，静岡県佐久間周波数変換所300 MW，東清水周波数変換所300 MWが稼働しており，計1200 MWの電力が一旦直流に変換され連携していた．これは原子力発電所1基分程度（約100万kW）の電力しか融通できないことを示している．そのため，設備容量の増加が重要視され，2021年には飛騨信濃周波数変換所が運用を開始した．これまでの1200 MWから2100 MWまで約2倍に拡大し電力の安定供給が促進された．さらに，3000 MWまで増強される予定である．

（写真提供：電源開発送変電ネットワーク株式会社）

図1-8　佐久間周波数変換所

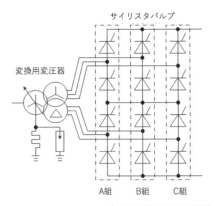

（写真提供：電源開発送変電ネットワーク株式会社）

図1-9　サイリスタバルブ

　直流送電による系統連携は，本州の上北変換所と北海道の函館変換所間をつなぐ北本連系（167 km，運転電圧±250 kV，600 MW）や，本州の紀北変換所と四国の阿南変換所をつなぐ，紀伊水道連系（100 km，運転電圧±250 kV（設計±500 kV），1400 MW（設計2800 MW）で稼働している．

1.4 送電電圧

我が国における送電線または配電線の電圧は，線間電圧で示されており，公称電圧と最高電圧がJEC0222-2009（改訂）に基づいて規格化されている．公称電圧は，線路の電圧が時間的に変動しているため代表的な基準電圧を示し，最高電圧は通常の運転で発生する可能性のある最大の電圧を示す．

表1-1に示すように500 kVを除き，公称電圧は11の倍数，最高電圧は11.5の倍数になることが多い．また，電気設備技術基準において，電気工作物は表1-2に示す，低圧，高圧，特別高圧の3種類に区分される．

表1-1 我が国における代表的な公称電圧と最高電圧（単位kV）

公称電圧	3.3	6.6	11	22, 33	66, 77	154	275	500
最高電圧	3.45	6.9	11.5	23, 34.5	69, 80.5	161	287.5	525

表1-2 電圧区分

電圧区分	直 流	交 流
低 圧	750 V以下	600 V以下
高 圧	低圧を超え7000 V以下	
特別高圧	7000 Vを超える	

一般家庭等の需要で利用する場合には低圧を用いる．配電線は高圧に区分され，それ以上の電圧は特別高圧となる．送電線においては，電圧階級を区別するため超超高電圧（UHV：Ultra-High Voltage, 500 kV級）や超高電圧（EHV：Extra High Voltage, 220-275 kV級）と呼ぶことがある．送電線は発電所から需要地までの長距離を効率よくつなぐため分岐は少ない．一方，配電線は各需要家まで電気を届けるため，網の目のように多数の分岐を有する．電力系統は巨大なアナログ回路といっても過言ではない．

電力系統において，電気は常に送り続けられている．伝搬速度は光と同等といわれ，1秒間に30万km（地球7周半）と高速である．そのため電力の供給と需要のバランスをとる必要がある．なお，受給バランスが崩れると停電を引き起こす．

1.5 良質な電気

　我が国においては，世界に類を見ないほど良質な電気が提供されている．良質な電気とは，需要家が利用する段階で次の①～③を満たしている．

　①　定電圧

　②　定周波数

　③　できるだけ停電がない

　電気事業法においては，基準電圧100 Vでは101 V ± 6 Vを超えない値，200 Vでは，202 V ± 20 Vを超えない値と定められている．周波数においては，調整目標として ± 0.2 ～ 0.3 Hzが掲げられている．実際の供給においては，設定された値より優れた電気が提供されている．

　台風や豪雨においても停電が発生する可能性は高いが，近年は電力会社によって，巡回パトロールの強化や導電ルートの多様化，無停電工事や最新鋭の発電機車両導入等を実施することなどの対策がなされている．

　図1-10に示すように，一昔前に比べ停電の頻度は少なくなっている．万が一停電しても1秒未満の瞬断と呼ばれる現象が多い．しかしながら，このような短時間の停電でもコンピュータ社会となった現代においては社会に影響を与える．

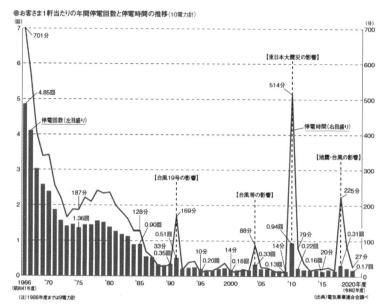

[出典] 電気事業連合会ホームページ　INFOBASEより引用
https://www.fepc.or.jp/library/data/infobase/index.html
図1-10　停電の頻度

　そのため，電力系統は台風や大雨，図1-11に示すような積雪など，自然災害に常にさらされることを前提に構築されている．つまり，何らかのリスクを前提としており，被害が発生しても電力供給への不具合は最小限に留まるよう設計されている．中国地区全域においては停電復旧のため年間50000回程度の出動がある．

[出典] 中国電力ネットワーク株式会社　パンフレット
図1-11　積雪の影響

1.6　直流送電（HVDC：High voltage direct current）

　送電システムに着目すると，直流送電は交流送電と比較して，系統の安定度向上に寄与するとともに，大容量長距離送電が可能なことから有利である．直流送電を実用化するには，大容量の直交流変換技術が重要な課題となる．

　歴史的にみると，高電圧水銀アーク整流器が実用化され，1954年にスウェーデンにおいて直流送電が実現した．その後，サイリスタの大容量化に伴い直流送電用のスイッチの実用化が進んでいる．

　経済的にみると，50 km程度から直流送電が有利といわれていることから，現在では海底ケーブルにおいて直流送電の活用が期待されている．我が国においては，北海道と本州をつなぐ北本連系や，関西と四国をつなぐ紀伊水道系の海底ケーブルが稼働している．

　また，図1-12に示すように，遠隔地で発電する大規模な洋上風力発電や太陽光発電等の再生可能エネルギーを用いた発電システムとの連携も期待されている．

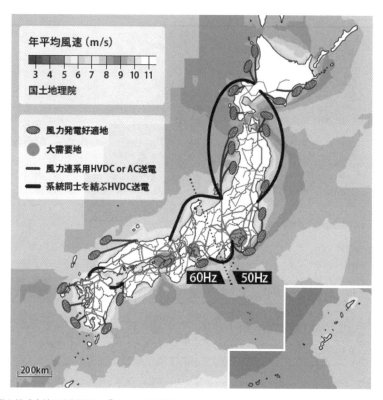

[出典] 株式会社日立製作所　「HVDCの特徴」https://www.hitachi.co.jp/products/energy/
hvdc/about/future/index.html

図1-12　再生可能エネルギー導入を支える次世代電力網

　ヨーロッパにおいては，図1-13に示すように，直流送電が実用されている．
2021年には，ドイツとノルウェー間を接続する，世界最長で最大規模の自励式高
圧直流国際連系線プロジェクト（NordLink）により，全長623 km，電圧525 kV，
容量1400 MWが実現された．

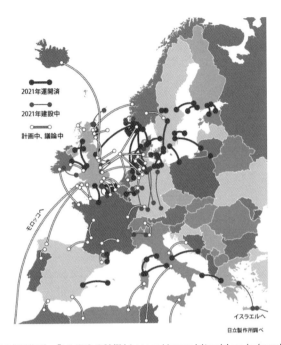

［出典］株式会社日立製作所 「HVDCの特徴」 https://www.hitachi.co.jp/products/energy/
hvdc/about/future/index.html
図1-13 ヨーロッパの直流送電網による広域連携

　広域連携が実現すると，再生可能エネルギーの推進にも効果的である．例えば，
ドイツでの電力需要が高くなるとノルウェーの水力発電が補い，逆の場合にはド
イツの風力発電による電力が供給される．このように，二酸化炭素（CO_2）を排出
しない再生可能エネルギーの交換が可能となる．

■ Note

2 電力系統の構成

2.1 電力系統

　電力系統は発電所から需要地まで，電力を安定供給するためのシステムである．主な構成要素として，発電所や変電所(発変電工学)，送電系統や配電系統(送配電工学)がある．発変電工学に関する技術については他書に譲る．送配電系統は，各種発電所で発電された出力電圧を一旦昇圧し，その後，需要家に届くまでに必要に応じて降圧しながら電力供給を行う．

2.2 三相交流

　我が国における主要な発電所は，山奥や海岸に建設されることが多く，発電に適した局所的な地域から，全国各地へ電気が送られている．一般に電力システムは図2-1に示す三相交流が利用されていることから，Δ結線やY結線が用いられる．線間電圧を高めるため，通常送電線ではY結線となる．図2-2に示すように，線間電圧は相電圧の$\sqrt{3}$倍になる．

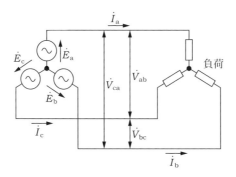

図2-1　三相交流

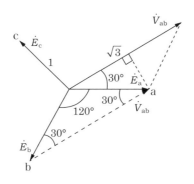

図2-2　相電圧と線間電圧の関係

　ここで，平衡三相交流電圧は式（2-1）〜式（2-4）に示されるように，a相，b相，c相における各相の振幅が等しく，図2-3に示すように，各相の位相差は120°（$=\dfrac{2}{3}\pi$）ずつ異なる.

　したがって，図2-4に示す三相交流電圧の瞬時値を加算すると，式（2-4）で示されるように総和が0となる.

$$\dot{E}_\mathrm{a} = E_\mathrm{m}\sin\omega t \tag{2-1}$$

$$\dot{E}_\mathrm{b} = E_\mathrm{m}\sin(\omega t - 120°) \tag{2-2}$$

$$\dot{E}_\mathrm{c} = E_\mathrm{m}\sin(\omega t - 240°) \tag{2-3}$$

$$\dot{E}_\mathrm{a} + \dot{E}_\mathrm{b} + \dot{E}_\mathrm{c} = 0 \tag{2-4}$$

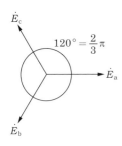

図2-3　三相交流

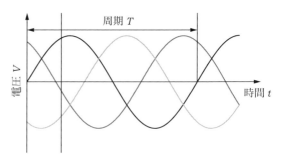

図2-4　三相交流の時間的変化

　回転を反時計方向にすると，$\dot{E}_\mathrm{a} \to \dot{E}_\mathrm{b} \to \dot{E}_\mathrm{c}$ の順で正弦波が$0°$と交わる．このため，反時計方向の回転を正方向と定めている．

　回路に流れる電流も電圧と同様に式（2-5）の関係となる．

$$\dot{I}_\mathrm{a} + \dot{I}_\mathrm{b} + \dot{I}_\mathrm{c} = 0$$
$$= I_\mathrm{m} \sin \omega t + I_\mathrm{m} \sin(\omega t - 120°) + I_\mathrm{m} \sin(\omega t - 240°) = 0$$
$$(2\text{-}5)$$

2.3　ベクトルオペレータ

　単相交流回路では，図2-5および式（2-6）に示すように，$90°$の位相をjという記号で表記した．三相交流を扱う場合，各相の位相差が$2\pi/3$（$=120°$）であることから，図2-6および式（2-7）に示す，aというベクトルオペレータを用意すると，単相交流と同様に扱えることから利便性を増す．この場合，三相すべての位相において回路計算をする必要がなく，ベクトルオペレータを各相に乗じることで，位相を$\pm 2\pi/3$変化させることができる．

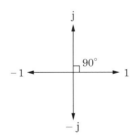

図2-5　単相回路の計算

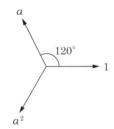

図2-6　ベクトルオペレータ

$$\left.\begin{aligned} \mathrm{j} &= \mathrm{e}^{\mathrm{j}\frac{\pi}{2}} \\ -1 &= \mathrm{e}^{\mathrm{j}\pi} \\ -\mathrm{j} &= \mathrm{e}^{\mathrm{j}\frac{3}{2}\pi} \\ 1 + \mathrm{j} - 1 - \mathrm{j} &= 0 \end{aligned}\right\} \qquad (2\text{-}6)$$

$$a = e^{j\frac{2}{3}\pi} = -\frac{1}{2} + j\frac{\sqrt{3}}{2}$$

$$a^2 = e^{j\frac{4}{3}\pi} = -\frac{1}{2} - j\frac{\sqrt{3}}{2}$$

$$a^3 = 1 \tag{2-7}$$

$$1 + a + a^2 = 0$$

　図2-7(a)に示す平衡三相交流においては，瞬時値を加算すると帰路回路に流れる電流 $\dot{I}_n$ の総和が0となる．そのため，図2-7(b)に示すように，帰路回路を省略することができる．

　送電線や配電線においては，通常平衡三相交流に近い特性を示すことから，電線を1本少なくできる利点を生かした回路構成となる．

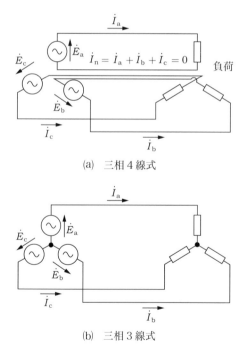

(a) 三相4線式

(b) 三相3線式

図2-7　三相交流を考慮した電気回路

2.4　電力系統の構成要素

　発電所を除いた電力系統における各構成要素を説明する．電力系統は台風や大雨，積雪などの自然災害にさらされることから，これらのリスクを前提に構築されている．そのため，被害が発生しても電力供給への不具合は最小限に留まるよう設計されている．

　図2-8に示すように，都市部においては送電線で多数の発電所をつなぐ外輪系統を設け広範囲で電力系統を構成している．これは，発電所の経済的な運転が行える利点につながる．また，ある発電所に事故が生じても，需要家への電力供給は他の発電所から行えるため，バックアップ体制を構築していることにもなる．

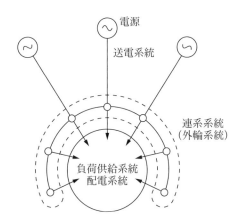

図2-8　外輪系統

2.5　変電システム

　変電システムは，電圧の昇降，電力系統における送配電線の接続や遮断，万が一の事故時における対策設備として，変圧器や開閉器，遮断器，保護装置，避雷器，調相器等で構成される．特に，変圧器を有する変電所は，図2-9～図2-11に示すよう，多くの電力機器が接続されている．

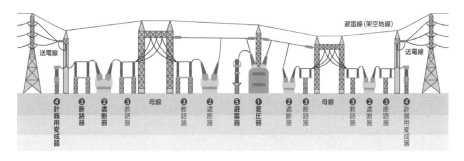

① 変圧器：電圧変換
② 遮断器：事故や故障，電力を送電・停止する際に電気を遮断
③ 断路器：送配電線や変圧器，遮断器などの修理・点検時に電気回路を切断
④ 計器用変成器：系統の高電圧・大電流を測定するため，低倍率に変換
⑤ 避雷器：落雷時の異常電圧を抑制し，変電所の機器を保護

［出典］中国電力ネットワーク株式会社　パンフレット

図2-9　変電所イメージ

北松江変電所全景（超高圧変電所（500 kV/220 kV/110 kV 他））

（中国電力ネットワーク株式会社　写真提供）

図2-10　屋外変電所

変圧器用冷却装置(2F)

配電用変圧器(1F)　　　　　　6kV配電用設備(1F)

110kV設備(2F)

寺町変電所全景（屋内・環境調和型 配電用変電所）

（中国電力ネットワーク株式会社　写真提供）

図2-11　変電所

　変電所は，変圧器を用い電力系統における電圧を昇降する役割を担う．取扱う電圧階級に応じて，昇圧用変電所，降圧用変電所に分類される．図2-12に示すように，各変電所において電圧が変化する．

　昇圧用変電所では，発電所における発電機で発電した電圧を送電電圧まで昇圧する．発電機における出力電圧は数～数十kVであり，送電に必要な数百kVまで昇圧する．通常，昇圧用変電所は発電所に隣接している．

　降圧用変電所では，昇圧用変電所から需要家まで，数回に分けて降圧を行うことで電力系統全体の電力損失を低減する．数回にわたり電圧を降圧するため，数百kV（154 kV ～ 500 kV）の電圧を数十kVに降圧する超高圧変電所，1次変電所，さらに電圧を降圧させる2次変電所，需要地近傍に建設され主に6.6 kVの配電線の電圧まで降圧する配電用変電所からなる．

　変電所では，発電した電力の電圧調整に加え，位相調整を行う役割も果たす．

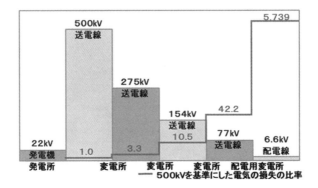

[出典] 中部電力株式会社ホームページ https://www.chuden.co.jp/energy/ene_about/
electric/kids_denki/

図2-12　電力系統における電圧の変化

2.6　架空送電線路

架空送電線路の構成を図2-13に示す．架空送電線は送電線間および大地間絶縁
に空気を用いたシステムであり，電線間あるいは支持物と電線との絶縁距離を一
定間隔確保する必要がある．

基本的な構成要素は，①電線，②架空地線，③がいし，それらを支える④支持
物となる．

電線は，がいしを介して支持物に取り付けられる．支持物の上部には送電線へ
の落雷対策として架空地線が張られている．一般的に架空（かくう）と読むが，電
力分野では慣例として（がくう）という．

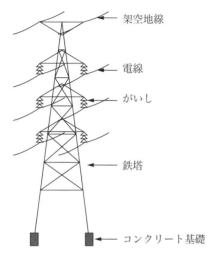

(著者撮影)

図2-13　架空送電線路

(1)　電線

　電線(電力線)に求められる性能として，軽量かつ高い導電性と抗張力が要求される．加えて，自然環境に対する耐久性や経済性も考慮される．

　電線は，1本の線からなる単線と数本から数十本の素線から構成されるより線がある．より線は単線に比べて強度面で優れており安全性が高い．そのため，主に電線には複数の金属材料を組合せたより線が用いられる．

　一般的に送電線は，鋼心アルミより線(ACSR, Aluminum conductor steel reinforced)が用いられる．図2-14に示すように，ACSRは鋼線を電線の中心に用いることで機械的強度を高め，その周りにアルミニウム線を用いることで軽量化を図るとともに導電性を維持している．利用される送電線の階級や電流容量によって，直径やより線の本数(断面積)が異なる．

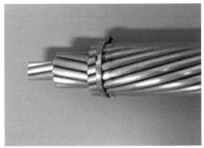
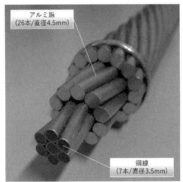

鋼心アルミより線（ACSR, 410 mm²）

（中国電力ネットワーク株式会社　写真提供）

図2-14　ACSR

　大電力を供給するためには，必然的に電流容量を考慮しなければならない．送電時の発熱を考慮し，ACSRの連続許容使用温度は90 ℃で設計されている．熱容量が大きくなると電流密度を向上させ大容量送電が実現できることから，アルミニウムにジルコニアを混ぜ，耐熱性を150 ℃まで高めた鋼心耐熱アルミ合金より線（TACSR：Thermo-Resistant Aluminum alloy Conductor Steel Reinforced）も用いられている．一方，配電システムでは絶縁皮膜電線が用いられる．

　大容量送電を実現するには，高電圧化及び送電電流を大きくする必要がある．電流容量を増すために，超高圧送電以上の架空送電線では，複数の電線で同相の電流を流す工夫がなされている．

　図2-15は4導体送電線の例を示しており，適正な間隔でスペーサを設置し電線の間隔を保っている．

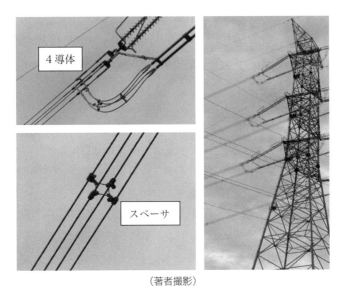

（著者撮影）

図2-15 多導体方式

多導体方式の利点として，導体を複数本配置することで放熱を促し許容電流を増加できる．また，多導体は等価的に径が大きくなるため，表皮効果（図2-16）による抵抗増加が少ない．表皮効果とは，電線に交流電流を流すと電流分布は一様にならず，電線の中心から表面に向かうほど電流密度が高くなる現象である．

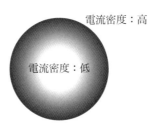

図2-16 表皮効果

加えて，等価的に電線径が大きくなる効果により，電線のまわりの電界強度を下げコロナ放電を抑えることや，送電線のインダクタンスを低減し電力の安定限界を増加させることなどがあげられる．

　コロナ放電とは，電線表面の電位傾度が高まると発生する放電現象であり，損失が発生するとともに，コロナ雑音が生じ周囲に電波障害を与える．

　多導体方式の欠点として，重量が増加することや電線敷設の複雑化，風などによる電線の捻回などがあげられる．

⑵　架空地線（GW：Overhead ground wire, Overhead earth wire）

　送電事故の多くは落雷による．そのため，架空送電線路における落雷対策は重要である．電線への直撃雷対策として鉄塔上部に電線と平行に架空地線が設けられている．架空地線は鉄塔を通じて大地に接地されており，等価的にアース線が上空に張られていることになる．架空地線には，主として亜鉛メッキ鋼より線（GSW：Galvanized steel wire）が用いられる．導電率は小さいが安価で高い機械的強度を有することから，架空地線として適している．

　送電系統は各地を長距離で結んでいることから，別用途として，架空地線の中心部に光ファイバを通した，光ファイバ複合架空地線（OPGW：Optical ground wire）が，情報通信や電力制御のための信号伝送設備として用いられる場合もある．

⑶　がいし（Insulator）

　がいしは，電線を電気的に絶縁するとともに，機械的に支持物と電線を保持する機能を有する．我が国においては，汚れが付着しにくく，付着しても降雨での洗浄効果が期待できる磁器製のものが多い．機械的強度を増すためにアルミナを含有させた石英砂，カリオン，長石などが用いられる．

　送電線用は，懸垂がいしと長幹がいしに分類される．懸垂がいしを図2-17に示す．接続金具によってクレビス形とボールソケット形に分けられる．形状は傘型になっており，電圧階級に応じて連結する．

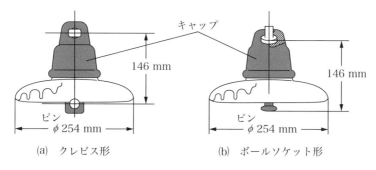

キャップ

146 mm

146 mm

ピン
φ 254 mm

ピン
φ 254 mm

(a) クレビス形 (b) ボールソケット形

[出典]『高電圧工学』植月，松原，箕田，コロナ社，2006
図2-17 標準寸法懸垂がいし

　従来は，クレビス形が広く用いられたが，連結長が短くなるボールソケット形も使用されるようになった．多くは6 kVを超える送電線路で用いられており，275 kV送電線では20個程度，500 kV送電線では約30 ～ 50個程度となる．

　送電線をがいしで吊る際，懸垂吊，V吊，耐張吊が用いられる．図2-18(a), (b)にそれぞれ懸垂吊，耐張吊を示す．耐張吊では懸垂吊より大きな荷重がかかるため，500 kV送電鉄塔ではφ320 mmのがいしが使われている．

　また，海水（塩水）や汚損等により，がいし表面では絶縁耐力が定まらないため，内側に凹凸が設けられており，沿面距離を長くすることで絶縁性能を保っている．

懸垂吊がいし

鉄塔

送電線

(a) 懸垂吊

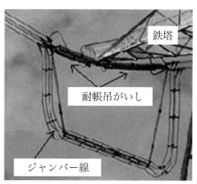

鉄塔

耐帳吊がいし

ジャンバー線

(b) 耐張吊

[出典]『高電圧工学』植月，松原，箕田，コロナ社，2006
図2-18 がいし吊方式

海近傍や霧の発生する地域では，耐塩がいしや耐霧がいしが用いられている．図2-19にボールソケット形耐塩がいしを示す．耐塩がいしは，塩害地区で用いられ，表面漏れ電流を抑制するため凹凸が深くなっている．

[出典]『高電圧工学』植月，松原，箕田，コロナ社，2006

図2-19　耐塩がいし

長幹がいしは耐環境性に優れている．長幹がいしは図2-20に示すように，中実棒状であり，磁器棒の両端に連結用金具を取り付けている．

懸垂がいしに比べて，表面漏れ距離が大きく径が細いことから耐汚損特性が良好で雨洗効果も大きい．また，途中に金属部分がないことから沿面放電に対して電気的に有利となる．一方，磁器に割れが発生した場合には機械的に不利となる．

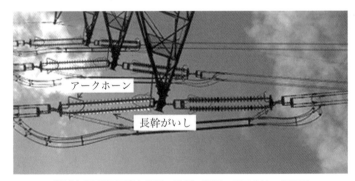

[出典]『高電圧工学』植月，松原，箕田，コロナ社，2006

図2-20　500 kV送電鉄塔の長幹がいし

　落雷などに起因する高電圧による，がいし表面の絶縁破壊やそれに続くアーク放電から，がいし表面の損傷を防止するため，図2-21に示すように，アークホーンが設けられている．

　がいしと比較して，アークホーンの絶縁耐力を低く設定することで，がいし表面でフラッシオーバに伴う導電路を形成する前に，アークホーンの間で意図的に放電させる．空気が絶縁体であることから放電後に絶縁は自己回復する．

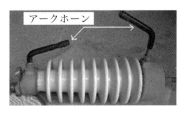

[出典]『高電圧工学』植月，松原，箕田，コロナ社，2006
図2-21　アークホーン

　配電用がいしには，図2-22に示すピンがいしが用いられる．配電線はピンがいしの上部に取り付けられる．近年では，磁器製のがいしから，高分子材料を用いたポリマーがいしも使用されつつある．ポリマーがいしは，芯材料にポリエチレンや強化プラスチック（FRP：fiberglass reinforced plastic）を使い，シリコンゴムで覆った構造をしている．従来のがいしに比べ軽量で扱いやすい利点がある．

　なお，海外では多様な材料を用いたプラスチック製がいしが多く用いられている．

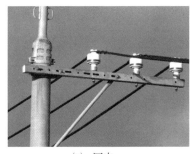

(a)　国内　　　　　　　　(b)　外国の例（プラスチック）

（著者撮影）

図2-22　ピンがいし

⑷ 支持物

電線を支えるための支持物として，鉄塔，コンクリート柱，木柱等がある．一般的に，基礎が複数のものを塔，基礎が1本のものを柱と呼ぶ．鉄塔は主に66 kV以上の送電線路で利用され，コンクリート柱や木柱は配電線路で用いられる．

鉄塔は四角鉄塔，長方形鉄塔，烏帽子（えぼし）形鉄塔，門形（ガントリー）鉄塔などに大別される．鉄塔の高さは，154〜275 kV送電線で45〜60 m程度，500 kV送電線で80 m程度である．

我が国においては，架空送電線の建設の際，用地の確保が大きな問題になることから，経済性や自然災害，供給信頼度の観点から送電線を垂直に配置可能な四角鉄塔（図2-23）を用いることが多い．三相3線式では3本の電線を用いており，1回線を形成する．四角鉄塔では両側で2回線が設置できる．

（著者撮影）

図2-23 四角鉄塔

また，四角鉄塔は垂直方向を利用していることから，上下で電圧階級の異なる送電線等を配置し，さらに回線数を稼ぐこともできる．図2-23に示す鉄塔は，河川をまたいでおり鉄塔間（径間長）が長いことから，鉄塔の標識が道路に設置されている．

　2022年現在，日本一高い226 mの鉄塔は，広島県竹原市大久野島に設置されている．船舶の往来に対応し，2 kmの距離を結ぶ1本10トンを超える送電線を支えている．

　図2-24に示すように方形鉄塔と烏帽子形鉄塔は，送電線路を水平に配置する箇所で用いられる．主に，烏帽子形鉄塔は1回線で使用される．

　また，図2-25に示すタワー型も一部の地域で採用されている．各国において，その地域に対応した各種鉄塔が用いられている（図2-26）．

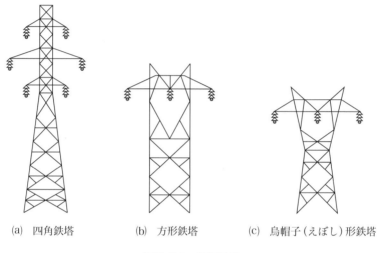

(a)　四角鉄塔　　　　(b)　方形鉄塔　　　　(c)　烏帽子（えぼし）形鉄塔

図2-24　各種鉄塔

(a) 烏帽子型鉄塔

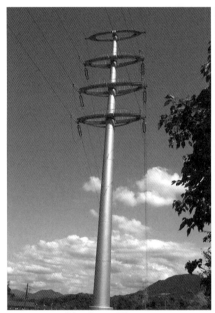

(b) タワー型　　　　　　　　(c) その他

（中国電力ネットワーク株式会社　写真提供）

図2-25　各種鉄塔

(a) 垂直型（ベトナム）

(b) 水平型（オランダ）

(c) ウクライナ近郊

（著者撮影）

図2-26 世界の送電線

2.7 地中送電線路

我が国は世界に類を見ないほど都市部に人口が集中している．そのため，都市部への大容量電力供給が重要な課題となる．土地の確保や有効活用，景観や安全確保のため，多くは地中送電路を用いており，需要地近傍まで高電圧送電を実現している．

一方，地中送電のための建設費は高価となり，採算が取れる地域における地中化が主体となる．首都圏においては275 kVや500 kVの地中送電路も敷設されて

いる.

　地中送電線路で用いられる電線には電力ケーブルが用いられている. 電力ケーブルの基本構造は, 導体のまわりに絶縁体を配置し, その外側を保護シースで覆ったものとなる.

　架空送電線の空気絶縁に対し, 電力ケーブルは著しく距離を短くしても絶縁性能が維持される各種絶縁方式を採用している. そのため, 絶縁層の材料等によりケーブルの種類が分類される.

　電力用ソリッドケーブルの主流であった, ベルトケーブル, HケーブルおよびSLケーブルが1970年代まで利用され, その後は, 現在使用されているCVケーブルへ推移している.

⑴　CVケーブル (Cross linked polyethylene insulated vinyl sheath cable)

　CVケーブルは絶縁体として架橋ポリエチレン用い, 押出し成型で製造する. 軽量かつ誘電体損失が少ない等の利点から広く用いられている.

　33 kV以下の配電用電力ケーブルや66 ～ 154 kV地中送電線でも主流を占めている. さらに, 500 kV級のケーブルも開発されている.

　図2-27(a)に単相CVケーブルの構造を, 図2-27(b)に三相のトリプレックス形CVケーブルの構造を示す.

　なお, ケーブルの絶縁材料に用いられているポリエチレンなどの高分子材料の多くは, 融点が低く熱を加えると軟化することから, 電力ケーブルの絶縁体として熱特性に問題が生じる. そのため, 絶縁体を製造する過程で, 架橋剤を用いて高分子の分子鎖を連結することで, 物理的に網目構造を構築し耐熱性等を向上させている. これを架橋 (図2-28) という.

(a) 単心 CV ケーブル　　(b) トリプレックス形 CV ケーブル

(c) CV ケーブル写真

（中国電力ネットワーク株式会社　写真提供）

図2-27　CVケーブル

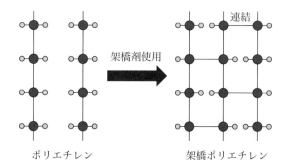

図2-28　架橋

　半導電層にはカーボンが含まれている．内部半導電層は，高圧部の導体の突起が絶縁体である架橋ポリエチレンと直接接触しないようにすることで，局所的な高電界に伴う電気トリーなどの破壊を抑制している．外部半導電層は，しゃへい層との隙間を改善しボイド放電等を抑制している．外周は保護のためにシースで覆われた構造となる．

⑵　油入ケーブル（OF cable：Oil-filed cable）

　OFケーブルの絶縁は，絶縁紙と油の複合絶縁構成となる．ケーブル内に絶縁油の通路を設けており，ケーブルの両端の油槽（Oil tank）から油を供給する．油圧を大気圧以上に保つことで長さ方向に流通させるとともに，半径方向に浸透させている．また，加圧の効果でケーブル内の絶縁紙層内にボイド（空隙）を発生させない工夫を行っている．

　図2-29に220 kV（2500 mm²）ビニル防食アルミ被OFケーブルの構造，図2-30に地下発電所からつながる油入ケーブルヘッドと油槽を示す．

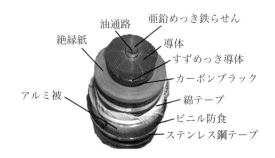

[出典]『高電圧工学』植月，松原，箕田，コロナ社，2006
図2-29　220kV OFケーブル

[出典]『高電圧工学』植月，松原，箕田，コロナ社，2006
図2-30 地下発電所OFケーブル

⑶ 圧力ケーブル

図2-31に示すように，ケーブルの絶縁層中の部分放電を抑止するため外部を鉛被で強化し，ケーブル内部に14 atm程度の窒素ガスを封入したものをコンプレッションケーブルという．また，0.8～1.2 atm程度の低圧窒素ガスを充てんした低ガス圧ケーブルもある．

これらのケーブルは，絶縁油を使用していないので，高低差の大きな場所の送配電に適している．

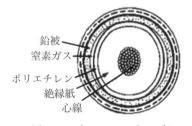
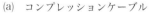
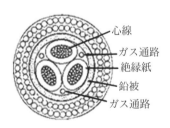

(a) コンプレッションケーブル　　(b) 低ガス圧ケーブル

[出典]『高電圧工学』植月，松原，箕田，コロナ社，2006
図2-31 圧力ケーブル

図2-32に示すように，電力ケーブルにおいては電界集中が生じないように端末処理がなされている．

　電力ケーブルの敷設方法には，図2-33に示すように，主に直接埋設式，管路式，暗きょ式（共同溝）方式がある．直接埋設は，コンクリートトラフにケーブルを収めて埋設する．管路式は，敷設した管路の中にケーブルを引き込み設置する．暗きょ式は，地下にトンネルを掘り，通信線や上下水道と共に電力ケーブルを支柱に支持し設置する．電力ケーブルは，ジュール損失や誘電体損失等により発熱するため，地下での放熱対策が重要となる．

(a)　110 kV 電力ケーブル端末　　　(b)　66 kV 電力ケーブル端末
　　　　　　　　　　　　　　　　　　　　　　（66 kV，CV800 mm², 変圧器直結）

(c)　6 kV 電力ケーブル端末（6 kV，CV800 mm²）

（中国電力ネットワーク株式会社　写真提供）
図2-32　電力ケーブルの端末

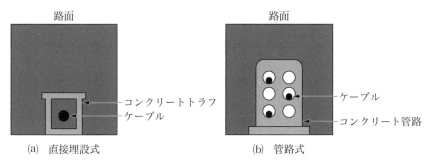

(a) 直接埋設式　　　　(b) 管路式

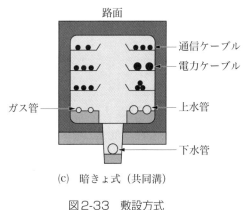

(c) 暗きょ式（共同溝）

図2-33　敷設方式

2.8　母線

　電力系統で機器や送電線や配電線をつなぐ基本回路を母線という．図2-34に示すように，状況によって単母線方式と，母線同士をつなぐ二重母線や三重母線などの複母線方式が用いられる．

　単母線では，万が一の故障時に母線に接続された機器が停電するが，複母線方式は母線を切り替え電力供給することで，電力系統の信頼度を向上させることが可能となる．

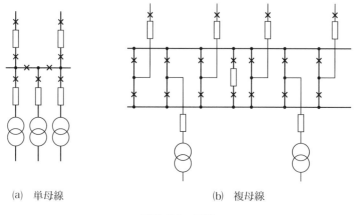

(a)　単母線　　　　　　　　　(b)　複母線

図2-34　母線

2.9　変圧器（Transformer）

　変圧器の概略を図2-35，外観を図2-36に示す．変圧器は電圧の昇降を行う重要な役割を果たす．三相交流変圧器が一般に用いられる．三相変圧器は一式を1バンクといい，バンク数とバンク容量は取扱う電力によって調整される．また，図2-37に変圧器の設置過程を示す．

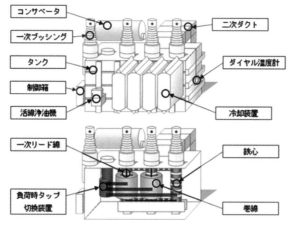

（中国電力ネットワーク株式会社　写真提供）

図2-35　変圧器の概要（油入変圧器の構造）

(a) 500/220 kV 主要変圧器
(1000 MVA)

(b) 500/220 kV 単相変圧器 ×3 台
(1000 MVA)

(c) 66/6/22 kV 配電用変圧器
(30 MVA)

(d) 110/6/22 kV 移動変圧器
(15 MVA)

（中国電力ネットワーク株式会社　写真提供）

図 2-36　変圧器

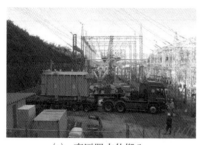

(a)　変圧器本体搬入

(b)　組立

(c)　絶縁油注油

(d)　設置110/66kV連系変圧器

（中国電力ネットワーク株式会社　写真提供）

図2-37　変圧器の設置過程

2.10　ブッシング（Bushing）

　ブッシングは，図2-38に示すように，変圧器等から電線を引き出すために用いられる．高い絶縁耐力が要求される端子である．絶縁部分は磁器またはエポキシ樹脂などで構成されている．一層構造のものを単一形ブッシング（Plain bushing）といい，中心導体とのまわりに円筒状成層絶縁物を同心的に配置して絶縁油を充てんしたものを，油入ブッシング（Oil-filled bushing）という．また，中心導体のまわりに絶縁紙と金属はくが交互に巻き上げ，金属はくの長さを調整し，各層間の静電容量を等しくすることで電圧分担を均一化したものを，コンデンサ形ブッシング（Capacitor-type bushing）という．コンデンサ形ブッシングは変電所など比較的高い電圧に適している．

（著者撮影）

図2-38　ブッシング

2.11　遮断器（CB：Circuit breaker）

　図2-39に遮断器を示す．遮断器は電力系統に事故が発生した場合，その個所を電力系統から切り離し，他の電力機器を異常電圧や大電流から保護する．大容量の電力を系統から遮断する場合，電気的な接点においてアーク放電が発生する．アーク放電が接点間で発生すると，気体放電路を介して電気回路が接続された状態になることから，さらなる事故へつながる．

　これを防ぐため，遮断器ではアーク放電を消滅させることが必要となる．これを消弧といい，消弧を行う方法によって遮断器の種類が分類される．例えば，高い絶縁特性を有するガスを用いたガス遮断器は，図2-39(a)に示すように，遮断時にアーク放電に対しガスを吹き付けることで放電を消弧する．また，真空の特性を利用しアークを消弧する真空遮断器や，アークによって遮断器内の油が分解するときに発生するガスによって消弧を行う油遮断器，数十気圧の空気を吹き付けることで消弧する空気遮断器などがある．

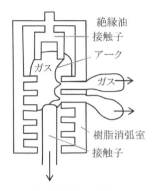

絶縁油
接触子
アーク
ガス
ガス→
樹脂消弧室
接触子

(a) 遮断器の動作

(b) 500 kV ガス遮断器（550 kV，4 kA） (c) 220 kV ガス遮断器（240 kV，3 kA）

(d) 110 kV ガス遮断器（120 kV，3 kA） (e) 66 kV 真空遮断器（72 kV，800 A）

(a) [出典]『高電圧工学』植月，松原，箕田，コロナ社，2006
((b)〜(e) 中国電力ネットワーク株式会社　写真提供)

図2-39　遮断器

2.12 断路器（DS：Disconnecting switch）

断路器は電流の流れていない回路の開閉に用いられており，図2-40に示すように，機械的に電力系統から一部の回路を切り離す機器である．系統の接続変更や点検時に用いられる．

(a)　500 kV 断路器（550 kV，4 kA）　　　(b)　220 kV 断路器（240 kV，3 kA）

(c)　110 kV 断路器（120 kV，2 kA）　　　(d)　66 kV 断路器（72 kV，800 A）

（中国電力ネットワーク株式会社　写真提供）

図2-40　断路器

2.13 計器用変成器

計器用変成器は，図2-41に示すように，電力系統における高電圧・大電流を，低電圧・小電流に変換（変成）する．指示電気計器，電力量計，保護継電器等から構成される．

計器用変圧器（VT：Voltage transformer）は高電圧を扱いやすい電圧（110 V

程度）に変換する．変流器（CT：Current transformer）は，大電流を5 A程度
に変換する．

$$\frac{550 \text{ kV}/\sqrt{3}}{110 \text{ V}/\sqrt{3}} \times 一相,$$

$$\frac{500 \text{ kV}/\sqrt{3}}{110 \text{ V}/\sqrt{3}} \times 三相$$

(a)　500 kV コンデンサ形計器用変圧器

$$\frac{220 \text{ kV}/\sqrt{3}}{110 \text{ V}/\sqrt{3}} \times 一相$$

(b)　220 kV コンデンサ形計器用変圧器

(c)　500 kV ガス遮断器追設形計器用変圧器（ガス絶縁）および
　　計器用変成器（4 kA/5 A 他 × 三相）

（中国電力ネットワーク株式会社　写真提供）

図2-41　計器用変成器

2.14　避雷器（LA：Lightning arrester）

　避雷器は，雷等の異常電圧によるサージから変電所内の機器を保護する．特に変電所内で高価な変圧器への異常の混入を防ぐことが多い．避雷器の機能として，雷サージ等の過電圧を制限して機器を保護すること，過電圧を抑制した後に引き続き供給される電流を遮断して，速やかに回復させることが要求される．

　理想的には図2-42に示す電圧－電流特性が求められ，電圧の値がしきい値を超えると避雷器内で短絡し大電流をアースに流す．その後，異常電圧が定常状態となると開放状態となる．

　実際の避雷器には，非直線性をもつ炭化ケイ素（SiC）や酸化亜鉛（ZnO）などの素子を用い，電圧－電流特性を理想的なものに近づけている．

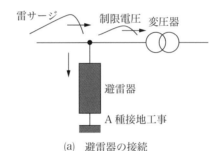

(a)　避雷器の接続

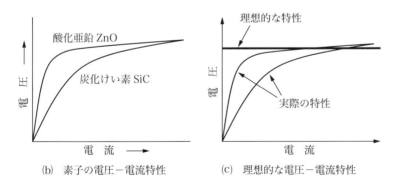

(b)　素子の電圧－電流特性　　(c)　理想的な電圧－電流特性

(d)　500 kV 避雷器

(e)　66 kV 避雷器

((d)〜(e)：中国電力ネットワーク株式会社　写真提供)

図2-42　避雷器

2.15　ガス絶縁開閉装置（GIS：Gas insulated switchgear）

　ガス絶縁開閉装置は，絶縁性の優れたガス等を用いて絶縁耐力を向上させ変電設備をコンパクトにしたものである．GISは図2-43に示すように高気圧のガスを充てんした管路のなかに，母線や断路器（DS），遮断器（CB），変流器（CT），避雷器（LA）等，変圧器以外のものを収納した構造をもつ．

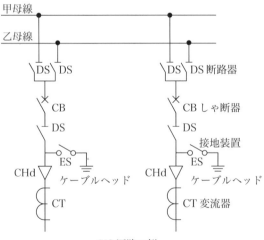

GIS 回路の例

[出典]『高電圧工学』植月，松原，箕田，コロナ社，2006

(a)　500 kVGIS（550 kV, 母線 4 kA）　　　(b)　110 kVGIS（120 kV, 母線 2 kA）

（中国電力ネットワーク株式会社　写真提供）

図2-43　ガス絶縁開閉装置（GIS）

2.16　調相設備

　調相設備は無効電力を調整することで電力系統を安定化させる．電力系統では交流電圧を用いていることから，電力用コンデンサや分路リアクトル等を挿入し位相を調整する．電力用コンデンサは，送配電系統のインダクタンス成分を改善し，分路リアクトルは容量成分の影響が生じやすい電力ケーブルなどの進相成分を緩和する．

2.17　絶縁協調（Insulation coordination）

　電力系統は様々な機器から構成されている．系統の安全かつ安定運用を図るため絶縁設計が重要となる．電力系統への過電圧は主に直撃雷等によって発生する．送電線や変電所等のすべての要素における絶縁耐力を，これらの過電圧に耐えるように設計するには，技術的にも経済的にも困難である．そのため，電力系統に接続された機器の絶縁強度を機器単独で設定するより系統全体として考慮する必要がある．絶縁強度が高いと信頼性は向上するが，高いレベルに設定すると経済的に不利となる．

　このことから，電力系統全体の絶縁設計は発生する過電圧を考慮して合理的に行うことが望ましい．電力系統全体として経済的な観点を考慮し絶縁設計を行う

ことを絶縁協調という.

　絶縁協調では，機器の絶縁強度と避雷器の保護レベルを適切に設定することで電力系統全体の被害を最小限にとどめている．この過程で電力機器の絶縁耐力を標準化している．電力系統に発生する過電圧を評価するため，短時間交流過電圧，雷サージ，開閉サージに対応した基準値が設けられ，基準衝撃絶縁強度BIL（Basic insulation level）等を定める.

　図2-44に示すように，BILに対して系統全体としての機器の絶縁レベルの順位づけを行い，合理的な絶縁設計を実現している.

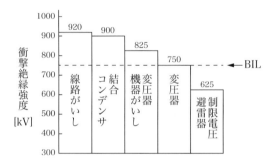

図2-44　電力機器の絶縁強度と避雷器保護レベル

3 送電線路と環境

3.1 送電線路のたるみ

　金属材料は周囲の温度変化によって，わずかながら膨張または収縮する．日常
生活で我々が目にする製品では，その値は許容誤差の範囲に収まり，注視するこ
とは少ない．一方，電線は円筒形状で半径方向に比べ，軸方向が著しく長い幾何
学的な特徴から，自然環境における温度変化でも大きな影響を受ける．

　そのため，電線の張り方に注意が必要であり，適切なたるみ（図3-1）を設けな
ければならない．たるみは，電線の長さが数十mm増減しても，数m単位で変化
する．たるみが小さいと，冬場の温度低下に伴って電線は収縮し，電線の張りが
強くなり，場合によっては断線する可能性を有する．一方，夏場の温度上昇では
電線は膨張し，たるみが大きくなり接触事故の可能性を増す．

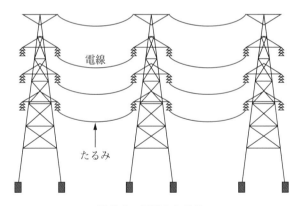

電線

たるみ

図3-1　電線とたるみ

3.2　たるみの計算

　たるみのモデルを図3-2に示す．径間長Sで，同一の地上高さ点Aおよび点B
に電線を張る．

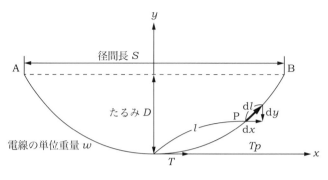

図3-2　たるみモデル

　任意の点P(x, y)における微小区間の長さdlの電線に対しとり，力のつり合いを式（3-1）および式（3-2）のように定める．ここで，張力T_P，電線の単位重量をwとする．最下地点での水平張力Tとする．

（x方向）

$$\frac{\mathrm{d}l}{\mathrm{d}x} = \frac{T_\mathrm{P}}{T} \tag{3-1}$$

（y方向）

$$\frac{\mathrm{d}l}{\mathrm{d}y} = \frac{T_\mathrm{P}}{wl} \tag{3-2}$$

式（3-1）および式（3-2）より，式（3-3）および式（3-4）が導かれる．

$$\frac{\mathrm{d}y}{\mathrm{d}x} = \frac{w}{T} \cdot l \tag{3-3}$$

$$\frac{\mathrm{d}y}{\mathrm{d}x} = \frac{l}{a} \tag{3-4}$$

ここで，$a = T/w$とし，式（3-4）を微分すると式（3-5）となる．

$$\frac{\mathrm{d}^2 y}{\mathrm{d}x^2} = \frac{1}{a} \cdot \frac{\mathrm{d}l}{\mathrm{d}x} = \frac{1}{a}\sqrt{\left(\frac{\mathrm{d}x}{\mathrm{d}x}\right)^2 + \left(\frac{\mathrm{d}y}{\mathrm{d}x}\right)^2} = \frac{1}{a}\sqrt{1 + \left(\frac{\mathrm{d}y}{\mathrm{d}x}\right)^2} \tag{3-5}$$

$\dfrac{\mathrm{d}y}{\mathrm{d}x} = p$ とおくと，式（3-5）は式（3-6）となる.

$$\frac{\mathrm{d}p}{\mathrm{d}x} = \frac{1}{a}\sqrt{1+p^2}$$

$$\frac{\mathrm{d}p}{\sqrt{1+p^2}} = \frac{\mathrm{d}x}{a}$$

$$\int \frac{\mathrm{d}p}{\sqrt{1+p^2}} = \int \frac{\mathrm{d}x}{a}$$

$$\log_e\left(\sqrt{1+p^2}+p\right) = \frac{x}{a} + C_1$$

初期条件として，$x=0$ のとき，$\dfrac{\mathrm{d}y}{\mathrm{d}x} = p = 0$ より，$C_1 = 0$ となる.

$$\log_e\left(\sqrt{1+p^2}+p\right) = \frac{x}{a}$$

$$\sqrt{1+p^2}+p = \mathrm{e}^{\frac{x}{a}} \tag{3-6}$$

$$\frac{1}{\sqrt{1+p^2}+p} = \mathrm{e}^{-\frac{x}{a}} \tag{3-7}$$

式（3-7）の分子と分母に，$\sqrt{1+p^2}-p$ を乗じると式（3-8）を得る.

$$\sqrt{1+p^2}-p = \mathrm{e}^{-\frac{x}{a}} \tag{3-8}$$

ここで，式（3-6）と式（3-8）の差分をとると式（3-9）が導かれる.

$$2p = \mathrm{e}^{\frac{x}{a}} - \mathrm{e}^{-\frac{x}{a}} \tag{3-9}$$

したがって，$p = \dfrac{\mathrm{e}^{\frac{x}{a}}-\mathrm{e}^{-\frac{x}{a}}}{2} = \sinh\dfrac{x}{a}$ となる.

$\dfrac{\mathrm{d}y}{\mathrm{d}x} = p$ より，式（3-10）が得られる.

$$\frac{\mathrm{d}y}{\mathrm{d}x} = \sinh\frac{x}{a} \tag{3-10}$$

次に，y 方向の関数を求める．

$$y = \int \sinh\frac{x}{a}\,\mathrm{d}x = a\cosh\frac{x}{a} + C_2$$

$x = 0$ のとき，$y = a + C_2$ となる．y の初期値は任意の高さとなる．積分定数を消すため地上高を a と置くと，$C_2 = 0$ より式（3-11）が求まる．

$$y = a + \cosh\frac{x}{a} \tag{3-11}$$

これはカテナリー曲線と呼ばれ，展開し第2項で近似すると式（3-12）の軌跡となる．

$$y = a + \cosh\frac{x}{a} = a\left(1 + \frac{x^2}{2!a^2} + \frac{x^4}{4!a^4} + \frac{x^6}{6!a^6} + \cdots\cdots\right)$$

$$y = a + \frac{x^2}{2a} \tag{3-12}$$

AB の中間地点 $x = \frac{S}{2}$ における y は $a + D$ となり，たるみ D は式（3-13）で示される．

$$D = \frac{wS^2}{8T} \tag{3-13}$$

次に，電線長とたるみの関係を求める．電線の長さ x 方向で 0 から l まで積分すると式（3-14）となる．

$$l = \int_0^x \mathrm{d}l = \int_0^x \sqrt{1 + \left(\frac{\mathrm{d}y}{\mathrm{d}x}\right)^2}\,\mathrm{d}x \tag{3-14}$$

式（3-10）と式（3-14）より，式（3-15）が得られる．

$$l = \int_0^x \sqrt{1 + \sinh^2\frac{x}{a}}\,\mathrm{d}x = \int_0^x \cosh\frac{x}{a}\,\mathrm{d}x = a\sinh\frac{x}{a} \tag{3-15}$$

式（3-15）を展開し，AB 間の電線長 $L = 2l$ を求める．

$$l = a\sinh\frac{x}{a} = a\left(\frac{x}{a} + \frac{x^3}{3!a^3} + \frac{x^5}{5!a^5} + \frac{x^7}{7!a^7} + \cdots\cdots\right)$$

$x = \dfrac{S}{2}$ とすると，式（3-16）を得る.

$$L = 2l \cong 2\left(x + \frac{x^3}{6a^2}\right) = 2\left(\frac{S}{2} + \frac{S^3 \times w^2}{6 \times 8 \times T^2}\right)$$

$$= S + \frac{S^3 w^2}{3 \times 8T^2} \tag{3-16}$$

ここで，式（3-13）で求めた D を代入すると電線とたるみの関係は式（3-17）となる.

$$L = S + \frac{8D^2}{3S} \tag{3-17}$$

　例えば，式（3-17）を用いると，$S = 300$ m，電線の長さが300.5 mの場合，たるみは7.5 mとなる.わずか0.5 mの差で大きなたるみが発生する.

　また，仮に電線が0.1 ％膨張した場合，$L = 300.5 \times 1.001 = 300.8$ mとして，たるみを計算すると約9.5 mになり，膨張前のたるみより2 m程度長くなる.このことから，適切なたるみを設けることが重要である.

3.3　電線にかかる風圧

　自然環境における風は，その大きさを問わず電線に影響を与える.ここで，電線が受ける風圧は式（3-18）で示される.

$$P = \frac{1}{2}\frac{\delta}{g}(v\sin\theta)^2 CD \ [\mathrm{kgf/m}] \tag{3-18}$$

P：電線の単位長さ当たりの風圧　[kgf/m]

δ：空気密度 ≒ 1.2 [kg/m³]

g：重力加速度9.8 [m/s²]

v：風速　[m/s]

θ：風向と電線軸との角度

D：電線直径　[m]

C：空気抵抗係数（低速層流は約1，高速乱流は1より小さい）

風速が 40 ～ 60 m/s 程度で層流の範囲となる．約 40 m/s 程度で風圧荷重は
100 kgf/m² 程度となる．

(1) 微風振動（振動数 10 ～ 60 Hz 程度, 全振幅 30 mm 程度）

電線軸に直角方向から一様な風を受けると電線が上下に振動する．風を受けた
電線の反対面に小さなうずが周期的に発生する．これをカルマン（Karman）う
ずという．電線が水平方向からの風を受けると，それと直角方向に力を受け上下
に振動する．

このときの振動数は式（3-19）で示され，風速に比例し直径に反比例する．少
しの微風でも，電線の固有振動数と共振し大きな振動を起こす場合がある．その
ため，振動により支持点付近で電線が切断される可能性がある．

$$f_0 = K \frac{v}{D} \quad [\text{Hz}] \tag{3-19}$$

v：風速 [m/s]
D：電線直径 [m]
K：Strouhal数

ここで，電線の固有振動数は式（3-20）で示される．

$$f_0 = \frac{n}{2L} \sqrt{\frac{Tg}{W}} \quad [\text{Hz}] \tag{3-20}$$

L：両支持点間の電線の長さ [m]
T：電線の張力 [kgf]
W：電線の重量 [kgf/m]
g：重力加速度 9.8 [m/s²]

振動や共振を防ぎ電線を保護するために，図3-3に示すように，ダンパやアー
マロッドが用いられる．ダンパはおもりの運動で振動のエネルギーを吸収する．
アーマロッドは，あらかじめ成形したアルミ素線等の同種金属を電線に巻き付け
て補強する．主に，電線の支持部付近に取り付けることが多い．さらに，振動波

長の1/4程度の間隔でおもりを取り付けることで，共振点を外すなどの工夫がなされている．

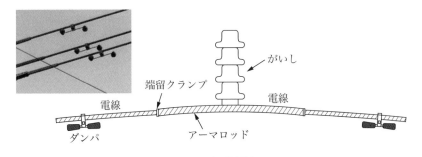

図3-3　振動対策

　なお，風速20 m/sを超える強風や台風などの暴風では，電線が切断する可能性がある．加えて，風速が20 m/sを超えると，振動数が高くなり可聴域に入ることがある．100〜200 Hzの範囲では送電線に，うなり音が発生する．このような気象状況では，支持物やがいしにも大きな影響を与える．通常，風圧荷重は風速の2乗と受風面積に比例する．比例定数は受風体の形状によって異なる．一般には，受風面積を垂直投影面積としたときの風圧荷重の基準値が示される．

　地上高15 mで40 m/sを基準とした，高温期の風圧を甲種風圧荷重と定義する．また，低温期において，氷雪地域で6 mm厚，比重0.9の氷雪が付着した場合を考慮した乙種風圧荷重，氷雪の恐れがない場合を考慮した丙種風圧荷重が定められている．

⑵　コロナ振動（1〜3 Hz程度，100 mm程度）

　電線の幾何学的形状は円柱であり側面は円で近似される．周囲に降雨により水滴が付着し重力によって下方向に垂れると，その部分の電界が大きくなり放電が発生する．これをコロナ放電といい，帯電した水が射出されることがある．電線はその反作用で上向きの力を得て振動する．

　コロナが発生すると，放電に伴うエネルギーの損失が現れる．これをコロナ損失という．

　大気中におけるコロナ放電開始電界は式（3-21）で評価される．

$$E_c = 21.1\delta\left(1 + \frac{0.301}{\sqrt{\delta r}}\right) \ [\mathrm{kV/cm}] \tag{3-21}$$

ここで，δは相対空気密度，rは表面が滑らかな導体の半径[cm]となる．多導体の場合には等価的半径を用いる．

また，送電線のコロナ開始電圧V_cは式(3-22)で近似される．

$$V_c = \sqrt{3}\,m_0 m_1 \frac{E_c}{g_m} \ [\mathrm{kV}] \tag{3-22}$$

ここで，m_0は電線表面状態，m_1は天候の係数となる．電線の表面が滑らかな円筒形のときを1とすると，より線は0.8〜0.85，表面に傷がつくと0.5〜0.7と影響が現れる．

m_1は晴天時を1とすると，雨，雪，霧等では0.8程度に低下する．また，雨水が垂れる状態では，さらに低い電圧となり，実験室レベルではm_1の値が0.2前後の値にもなる．g_mの値は，導体方式，配置，直径など送電線の幾何学的構成で決定される．

コロナ損失は式(3-23)のピーク（F. W. Peek）の2乗式で経験的に示される．この式により，コロナ損失の基本的な要因を理解することができる．一方，実際の設計では線路状況が様々であるため，個別の実測値を基本したピークの式とは異なる実験式を用いることが多い．

$$P = \frac{235}{\delta}(f + 25)\sqrt{\frac{r}{d}}(v - v_0)^2 \times 10^{-5} \ [\mathrm{kW/km}] \tag{3-23}$$

P：電線1km当たりのコロナ損
δ：相対空気密度
f：周波数
r：電線半径　[cm]
d：電線中心間距離　[cm]（幾何学的平均距離）
v：対地電圧　[kV]
v_0：コロナ臨界電圧　[kV]

また，コロナ電流は急しゅんなパルス波形となる．立上時間は0.1 μs 程度で高周波雑音を発生する．これをコロナ雑音という．

⑶ ギャロッピング（Galloping）（0.2〜0.5 Hz，十数m）

雪の多い地域においては，雪が原因で送電線の事故が発生する．図3-4(a)・(b)に示すように，電線への着雪は気温が0 ℃付近で比較的湿った雪の降る時期に多い．場合によっては，図3-5に示すように，積雪の重量や強風のため電注の損傷にもつながる．

(a) 送電線への積雪 　　　(b) 配線線への積雪

図3-4 積雪状況

（中国電力ネットワーク株式会社 写真提供）

図3-5 降雪による電柱折損

　電線への積雪は，雪に含まれる水分によって付着し成長する．着雪形状は，電線表面の状態や気温，風速，湿りの状況によって様々に変化する．一般的には電線の上部に載雪し，付着した雪が徐々に回転して下部へ移動する．さらに上部に新しい雪が載って増大する．

　また，図3-6に示すように，電線への着雪の断面形状が円形でなく発生する風の方向に成長して翼状になった場合，風によって揺らぎを生じることがある．断面の非対称性によって発生する揚力が原因となる．この現象をギャロッピングといい，電線サイズが大きく単導体より多導体で発生しやすい．上下運動が大きいため，樹木との接触などの事故につながる．

　また，多導体においては，導体間の距離を確保するため，スペーサが取り付けられている．取り付けられたスペーサ間を起点として振動する現象を，サブスパン振動（1～2 Hz，100～500 mm程度）という．

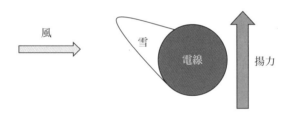

図3-6　ギャロッピング

⑷　スリートジャンプ（Sleet jump）

　電線は弾性体であるから，着雪に伴う荷重によって伸びる．そのため，図3-7に示すように付着した氷雪が急に脱落すると，反作用で電線が跳ね上がることがある．これをスリートジャンプという．

　スリートジャンプが発生すると，他相の電線との短絡事故につながることや，場合によっては衝撃力による支持物の破損が生じる恐れがある．

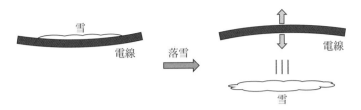

図3-7　スリートジャンプ

3.4　落雷

　落雷(図3-8)は，送電線における全事故の約半数を占めている．落雷の被害によって停電が発生しエネルギー供給に支障をきたすことから，落雷対策は重要な課題である．

　そのため，雷雲の発生メカニズムや電荷の分布，放電や伝搬特性を明らかにするとともに，落雷頻度や，雷電流の大きさ，波形などの統計処理も重要となる．

(音羽電機工業株式会社：OTOWA雷写真コンテストより)
図3-8　落雷

　雷については様々な研究がなされているが，最初に雷を電気現象として明らかにしたのは，フランクリンが1752年に行った凧の実験である．雷雲に向かって凧をあげ静電気をライデン瓶(Leyden jar)にためて放電させることで雷の正体は電気であることを証明した．フランクリンの実験以来，多くの研究者によって雷現象の解明が行われてきたが，スケールが大きく予測や放電の詳細な観測が困難なため未だ不明の部分が多い．

　雷雲は，水分が上昇気流によって空高く押し上げられ上空で冷やされることで発生する．この過程において，様々なメカニズムによって雷雲の中で電荷が発生する．図3-9に示すように，多くの場合，雷雲の上部は正極性の電荷分布，雷雲の下部は負極性の電荷分布となることが知られている．落雷は季節により異なり，その多くは，夏季に太平洋側や内陸・山間部で発生する．夏季雷の雷雲は積乱雲（入道雲）であり，上部に正電荷，下部に負電荷が蓄積しており負電荷が大地との間で放電することが多い．

[出典]『高電圧工学』植月，松原，箕田，コロナ社，2006
図3-9　雷雲の発生

　一方，冬季に日本海岸で発生する落雷を冬季雷という．冬季雷のエネルギーは夏季に比べ非常に大きく正極性や負極性の雷撃が観測されている．夏季に比べて低い位置に雷雲が発生し，強い季節風で雲が長く広く伸びることが原因と考えられる．冬季雷は世界的に見ても，我が国とヨーロッパの一部で発生する珍しい現象である．

　雷雲内部の放電や雷雲間での放電では，誘導雷による影響が主に金属線を用いた通信線で観測されることがあるが，送電線に大きな影響を与えるほどではない．雷雲と地上での放電（落雷）は，数km以上の空間に，数千万～一億V程度の高電圧が加わっている．負極性放電では，雲からステップリーダ（Stepped leader）と呼ばれる放電路が50 m程度の進展と休止を十ms程度で繰り返し，地上に達すると主放電を導くといわれている．

　我が国における送電線の雷電流の測定によると，その多くは負極性で，波頭長

は1～20 μs 程度，波尾長は10～100 μs の範囲にある．波高値は，平均値45 kA程度との報告もあり，80～100 kA級の雷電流は100 km当たり年間2～3回程度である．

落雷の波形はインパルス電圧（Impulse voltage）で近似される．インパルス電圧は，短時間で発生し消滅する過渡的なパルス電圧である．落雷以外にも機器のスイッチング等が原因で発生する．落雷を模擬した波形を雷インパルス（Lightning impulse）電圧といい，開閉器のスイッチングなどによって発生する異常電圧を模擬したものを開閉インパルス（Switching impulse）電圧という．インパルス電圧は電力機器の絶縁設計のために用いられており，電力系統を構成する機器の信頼性確保のため重要となる．

図3-10に雷インパルス電圧波形を示す．雷インパルス電圧は非常に短時間で立ち上がるため，電圧印加直後の時間遅れや振動の影響を受けやすい．放電に直接影響しない電圧印加直後の影響を取り除き，波頭長（T_f：Wave front）および波尾長（T_t：Wave tail）を定義することで波形の規格化を行っている．

波頭長は波高点（最大値点P）に対し，30 %（点A）と90 %（点B）を直線で結び，その延長が時間軸と交わる点を規約原点O_1，時間軸と平行に波高点から引いた直線と交わる箇所を点Cとし，O_1から点Cまでの時間で示される．30 %値を用いることで，電圧印加直後の影響を極力抑えている．

波尾長は波高点から50 %に減衰した点Dを定義し，から点Dまでの時間で示される．国際基準によると雷インパルス波形の波頭長は1.2 μs，波尾長は50 μsであり，通常1.2/50 μs または（1.2×50）μsと記載される．

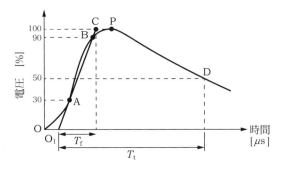

図3-10　雷インパルス電圧

　図3-11に開閉インパルス電圧波形を示す．開閉インパルスは雷インパルスに比べ継続時間が長いため電圧印加直後の影響は無視できる．波頭長と波尾長はそれぞれ零点（O）から波高点（P）までと零点から50 %に減衰する時間で示される．国際基準によると開閉インパルス波形は250/2500 μsとなる．

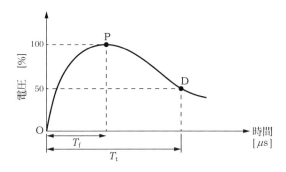

図3-11　開閉インパルス電圧波形

　一方，実際に送電線に発生する異常電圧は，雷サージ（Lightning surge）電圧，あるいは開閉サージ（Switching surge）電圧と呼ぶ．これらの異常電圧はインパルス電圧に振動分が重畳した複雑な波形となることが多い．

　直撃雷は電線に雷が直接放電し電位を上昇させる．このとき，がいしやアークホーンの絶縁耐力を超えた場合は鉄塔に放電する．鉄塔は通常大地の電位であるが，局所的な電位上昇が生じる．このように，落雷が直撃し送電線に発生する放電現象をフラッシオーバ（Frashover）という（図3-12）．

　電線への直撃を防ぐため電線の上部に架空地線が張られている．そのため，雷の多くは架空地線または鉄塔に落ち雷電流は塔脚の接地抵抗を介して大地に導かれる．このとき，インピーダンス降下によって鉄塔が高電位となり，鉄塔から電線にフラッシオーバすることがある．これを逆フラッシオーバという．

　アークホーンでフラッシオーバする場合を，鉄塔逆フラッシオーバ，架空地線と電力線間で生ずる場合を径間逆フラッシオーバといい区別することもある．

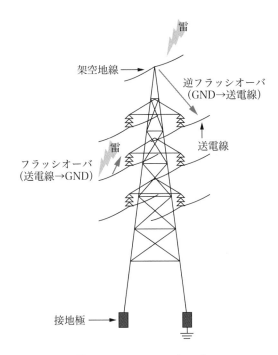

図3-12　フラッシオーバ

　自然現象である落雷をすべて防ぐことは経済的かつ技術的に困難であることから，落雷被害が発生することを前提に許容範囲の設定が必要となる．

　電線の近くに落雷することで，電磁誘導や静電誘導で雷サージが発生することがある．これは誘導雷と呼ばれている．誘導雷は直撃雷に比べて電圧は低いが，発生頻度が多いことから配電線に影響を与える．

　図3-13に落雷によって配電線設備が故障した様子を示す．

（中国電力ネットワーク株式会社　写真提供）

図3-13　落雷による配線設備の故障

　一方，通常時における送電線路の絶縁は開閉サージに耐えるように設計されている．開閉サージは，前述した通り遮断器や断路器の開閉操作を行ったときに発生する過電圧を示す．

3.5　サージの伝搬

　送電線や電力ケーブルにおける，雷やスイッチングに伴う異常電圧は，雷サージや開閉サージとなる．これは進行波と定義され，速度 v で電線を伝搬する．線路の特性インピーダンスが異なると，図3-14に示すように，進行波に反射が生じる．

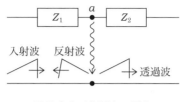

図3-14 進行波モデル

　ここで，インピーダンスが異なる点 a に入ってくる進行波を入射波，そこから他方に進行する波を透過波，進行方向と逆方向に向かう波を反射波と定義する.

　このとき，電圧電流特性は式 (3-24)，式 (3-25) で与えられる.

$$e_1 + e_1' = e_2 \tag{3-24}$$

$$i_1 + i_1' = i_2 \tag{3-25}$$

　ここで e_1，i_1 を入射波，e_1'，i_1' を反射波，e_2，i_2 を透過波とおく. インピーダンスを，それぞれ Z_1 および Z_2 とすると，各進行波の電圧電流特性は式 (3-26) となる.

$$\left. \begin{array}{l} e_1 = Z_1 i_1 \\ e_1' = Z_1 i_1' \\ e_2 = Z_2 i_2 \end{array} \right\} \tag{3-26}$$

ここで，式 (3-26) を展開すると式 (3-27) が求まる.

$$i_1 = \frac{e_1}{Z_1}, \quad i_1' = \frac{e_1'}{Z_1}, \quad i_2 = \frac{e_2}{Z_2}$$

$$\frac{e_1}{Z_1} - \frac{e_1'}{Z_1} = \frac{e_2}{Z_2}$$

$$(e_1 - e_1') = \frac{Z_1}{Z_2} e_2 \quad e_2 = \frac{Z_2}{Z_1}(e_1 - e_1')$$

$$e_1 + e_1' = \frac{Z_2}{Z_1}(e_1 - e_1') \quad e_1\left(1 - \frac{Z_2}{Z_1}\right) = -\left(\frac{Z_2}{Z_1} + 1\right)e_1' \tag{3-27}$$

このとき，反射波 e_1' は式 (3-28) となり，透過波 e_2 は式 (3-29) となる．

$$e_1' = \frac{Z_2 - Z_1}{Z_1 + Z_2} e_1 \tag{3-28}$$

$$e_2 = e_1 + e_1' = \frac{2Z_2}{Z_1 + Z_2} e_1 \tag{3-29}$$

$Z_2 \gg Z_1$ のとき，透過波は進行波の最大2倍の値を示す．同様に，電流は式 (3-30) および式 (3-31) となる．

$$i_1' = \frac{e_1'}{Z_1} = \frac{1}{Z_1} \cdot \frac{Z_2 - Z_1}{Z_1 + Z_2} e_1 = \frac{Z_2 - Z_1}{Z_1 + Z_2} i_1 \tag{3-30}$$

$$i_2 = \frac{e_2}{Z_2} = \frac{1}{Z_2} \cdot \frac{2Z_2}{Z_1 + Z_2} e_1 = \frac{2Z_1}{Z_1 + Z_2} i_1 \tag{3-31}$$

このとき，電圧及び電流波形のモデルは図3-15および図3-16で示される．

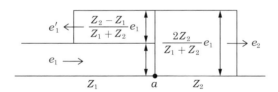

図3-15　電圧特性

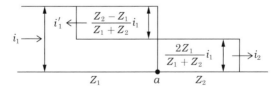

図3-16　電流特性

3.6 雷遮へい

架空送電線路は直撃雷対策として架空地線を用いている．架空地線へ落雷すると，雷電流は鉄塔から大地へ導かれる．架空地線に直撃し，電線を保護する確率を保護効率または遮へい効率という．

架空地線は下部にある電線を保護するため，図3-17に示す遮へい角（保護角）を設ける．遮へい角を30°程度に設けると落雷を受ける確率は低くなるともいわれている．現在も各研究機関で，落雷が送電線に侵入する角度や確率分布などについて研究がなされている．

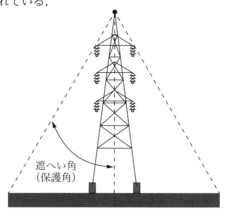

図3-17　遮へい角

3.7 塩害

火力発電所や原子力発電所は大量の冷却水を必要とするため，我が国においては海岸付近に建設されている．このことから，多くの送電線は海岸付近に設置される．そのため，台風や季節風による強風で塩分の含んだ海水が発電所や変電所，送配電線路に飛来する．

架空送電線路の絶縁は，がいしを用いていることから塩分の影響を考慮する必要がある．塩害対策として，がいしを増結し絶縁耐力を高めることや，雨洗効果の高い長幹がいしの使用，通常の懸垂がいしに比べて表面距離が約50％長いスモッグがいしなどを用いることがあげられる．なお，塩害によって，がいし表面に汚損フラッシオーバが発生することがある．

3.8 その他の事故要因

　鳥や蛇などの生物によって電線が短絡することがある．例えば，図3-18に示すように，電柱の上部に鳥が巣をつくることや，体長が長い蛇などが感電し短絡を導く事故も発生している．

金属製ハンガーが巣に混入

(a)　カラスの巣による短絡事故

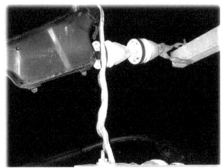

(b)　蛇の感電による事故

（中国電力ネットワーク株式会社　写真提供）

図3-18　生物による事故

4 送電特性

4.1 線路定数

送電線の回路定数は，一般的な電気回路とは異なり，単位長当たりの抵抗，インダクタンス，静電容量を用いて表す．

(1) 抵抗

送電線の抵抗はインダクタンスと比較して小さいため，解析では，その影響を考慮しないことが多い．送電線の多くはACSRを主流とした，より線が用いられている．

抵抗の基準は，国際標準軟銅の長さ1 m，断面積1 mm²の線材において，20℃のときの電気抵抗を1/58 Ωと定めている．そのときの導電率をC [%]とすると，ある線材の抵抗率ρは，式(4-1)に示すように，Cとの比で求まる．

$$\rho = \frac{1}{58}\frac{100}{C} \ [\Omega \cdot \text{mm}^2/\text{m}] \tag{4-1}$$

電線長さをL [m]，断面積をA [mm²]とすると，抵抗Rは式(4-2)となる．

$$R = \rho\frac{L}{A} = \frac{1}{58}\frac{100}{C}\frac{L}{A} \tag{4-2}$$

式(4-2)より送電線に用いられるアルミ材は61 %，硬銅線は97 %の値となる．より線では，単線で直線の場合と比較して，より込分ほど電線長が長くなる．そのため，より込率を考慮する必要がある．通常は2 %程度の抵抗の増加となる．

(2) インダクタンス

一般に，回路の電流が変化すると磁束が変化する．このとき，磁束の変化を妨げる方向に起電力eが誘起される．このeを，逆起電力という．逆起電力eは鎖交する磁束Φの時間的変化で表される．これらは式(4-3)で示される．

$$e = -\frac{d\Phi}{dt} = -L\frac{di}{dt} \qquad (4\text{-}3)$$

$$(\Phi = Li)$$

送電線は，複数の電線が平行に配置されている幾何学的な特性を考慮する必要がある．ここでは簡略化のため，図4-1に示す導体1と導体2が平行に配置しているモデルで説明する．

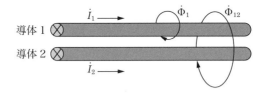

図4-1　導体モデル

導体1に電流 $\dot{I}_1$ を流すと電流の周囲に右ねじの法則で磁界が発生する．そのとき，導体1では磁束 $\dot{\Phi}_1$ が鎖交する．磁束 $\dot{\Phi}_1$ は電流の大きさに比例するため，比例定数を L とおくと式（4-4）となる．このときの比例定数 L を導体1の自己インダクタンスという．

$$\dot{\Phi}_1 = L\dot{I}_1 \qquad (4\text{-}4)$$

導体が1本であればインダクタンス L を用いるが，電線が平行にある場合，導体1には導体2に流れる電流による磁束が鎖交する．このとき，式（4-5）の M を相互インダクタンスという．

$$\dot{\Phi}_{12} = M\dot{I}_2 \qquad (4\text{-}5)$$

同様に，導体2でも $\dot{I}_2$ による磁束 $\dot{\Phi}_2$ と導体1に流れる電流 $\dot{I}_1$ によって磁束 $\dot{\Phi}_{12}$ が鎖交する．

(a)　往復2導体のインダクタンス

図4-2に示す半径 r の2本の平行導体が，距離 D の間隔で配置されている．導体表面に $\dot{I}$ の往復電流が流れている．

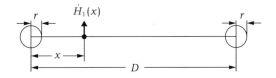

図4-2　往復導体

　ここで，導体内部と導体外部（空間）についてインダクタンスを求める．便宜上，内部空間を1の領域，外部空間を2の領域として示す．

　導体内部（1の領域）では，導体全体に電流 I が流れていることから，中心から x まで流れる電流 $\dot{I}_x$ は，全電流に面積比を乗じる必要がある．

$$\dot{I}_x = \dot{I}\frac{x^2}{r^2}$$

そのため，任意の距離 x 地点における磁界 $\dot{H}_1(x)$ は，単位長当たり式（4-6）で示される．

$$\dot{H}_1(x) = \frac{\dot{I}}{2\pi x}\times\frac{x^2}{r^2} = \frac{\dot{I}x}{2\pi r^2} \tag{4-6}$$

中心から x の導体内部の磁束密度 B_1 は式（4-7）となる．

$$B_1 = \mu\dot{H}_1 = \frac{\mu\dot{I}x}{2\pi r^2} \tag{4-7}$$

ここで，導体は金属であるため透磁率を μ とおく．

$$\mu = \mu_s\mu_0 \quad (\mu_0 = 4\pi\times10^{-7})$$

長さ1 mで dx の円筒に蓄えられる磁気エネルギー dW は式（4-8）で示される．

$$\mathrm{d}W = \frac{1}{2}\mu\dot{H}_1^{\,2}\times(2\pi x\times1)\mathrm{d}x = \frac{1}{2}\frac{B_1^{\,2}}{\mu}\times2\pi x\mathrm{d}x = \frac{\mu\dot{I}^2 x^3}{4\pi r^4}\mathrm{d}x \tag{4-8}$$

導体の単位長当たりの磁気エネルギーWは，導体半径を$0 \rightarrow r$まで積分すると求まる．

$$W = \int_0^r \frac{\mu \dot{I}^2 x^3}{4\pi r^4} \mathrm{d}x = \frac{\mu \dot{I}^2}{4\pi r^4}\left[\frac{1}{4}x^4\right]_0^r$$

$$W = \frac{\mu \dot{I}^2}{16\pi}$$

ここで，導体の単位長当たりの自己インダクタンスL_1と磁気エネルギーの関係は，式(4-9)となる．

$$W = \frac{1}{2}L_1 \dot{I}^2 \tag{4-9}$$

したがって，1本の導体内部における自己インダクタンスL_1は式(4-10)となる．($\mu = \mu_s 4\pi \times 10^{-7}$)

$$L_1 = \frac{\mu}{8\pi} = \frac{\mu_s}{2} \times 10^{-7} \tag{4-10}$$

一方，内部のインダクタンスの導出は，導体内部における磁束$\dot{\Phi}$を用いて解くこともできる．

$$\dot{\Phi} = \frac{\mu \dot{I} x}{2\pi r^2}\mathrm{d}x$$

鎖交回数に各条件で重み付けした全磁束数を磁束鎖交数$\dot{\varphi}$ [Wb]という．一般に，$\dot{\varphi} = N\dot{\Phi}$となる（ここで$N$は巻数を示す）．

ここで，2本の導体の磁束鎖交数を$\dot{\varphi}_1$とおく．導体内部では半径比で磁束が鎖交することから，$\dot{\varphi}_1 = N\dot{\Phi}$となり$N$は1ではなく，$\dfrac{x^2}{r^2}$の重み付けを行い，$N = \dfrac{x^2}{r^2}$と表現される．

したがって，2本の導体の磁束鎖交数$\dot{\varphi}_1$は式(4-11)となる．

$$\dot{\varphi}_1 = 2 \times \frac{x^2}{r^2} \times \frac{\mu \dot{I} x}{2\pi r^2} \mathrm{d}x \tag{4-11}$$

これを，半径方向 $x = 0$ から r まで積分する．

$$\dot{\varphi}_1 = 2 \times \frac{2\mu_{\mathrm{s}} \dot{I} \times 10^{-7}}{r^4} \int_0^r x^3 \mathrm{d}x = \mu_{\mathrm{s}} \dot{I} \times 10^{-7}$$

導体は2本であることから，1本当たりのインダクタンス L_1 は式（4-12）となる．

$$L_1 = \frac{\dot{\varphi}_1}{2\dot{I}} = \frac{\mu_{\mathrm{s}}}{2} \times 10^{-7} \tag{4-12}$$

導体外部（空間）（2の領域）における任意の距離 x 地点における磁界は，単位長当たり式（4-13）となる．

$$\dot{H}_2(x) = \frac{\dot{I}}{2\pi x} + \frac{\dot{I}}{2\pi(D-x)} \tag{4-13}$$

ここで，2つの導体の磁束密度は式（4-14）で示される．

$$B_2 = \mu_0 \dot{H}_2 = \frac{\mu_0 \dot{I}}{2\pi} \left(\frac{1}{x} + \frac{1}{D-x} \right) \tag{4-14}$$

導体外部の全磁束数 $\dot{\varphi}_2$ は，導体表面 $r \to D - r$ までの空間を積分することで求まるため，式（4-15）を得る．

$$\dot{\varphi}_2 = \int_r^{D-r} \mu_0 \dot{H}_2(x) \mathrm{d}x = \frac{\mu_0 \dot{I}}{2\pi} \int_r^{D-r} \left(\frac{1}{x} + \frac{1}{D-x} \right) \mathrm{d}x$$

$$\frac{\mu_0 \dot{I}}{2\pi} \Big[\log_e x - \log_e (D-x) \Big]_r^{D-r}$$

$$\dot{\varphi}_2 = \frac{\mu_0 \dot{I}}{2\pi} \times 2 \log_e \frac{D-r}{r} \tag{4-15}$$

$D \gg r$ より，式（4-15）に $\mu_0 = 4\pi \times 10^{-7}$ を代入すると $\dot{\varphi}_2$ が求まる．

$$\dot{\varphi}_2 = 4\dot{I}\log_e\frac{D}{r}\times10^{-7}$$

したがって，導体1本当たりの導体外部のインダクタンス L_2 は式（4-16）となる．

$$L_2 = \frac{\dot{\varphi}_2}{2\dot{I}} = 2\log_e\frac{D}{r}\times10^{-7} \tag{4-16}$$

これにより，導体内部と導体外部のインダクタンス L は式（4-17）で示される．

$$L = L_1 + L_2 = \left(\frac{\mu_s}{2} + 2\log_e\frac{D}{r}\right)\times10^{-7}\ \ [\mathrm{H}] \tag{4-17}$$

なお，送電線の長さをkm単位で表すと，インダクタンス L はmH/kmで示すことが多い． μ_s は硬銅線や鋼心アルミより線では，1とみなせる．

また，logの底を10で表すと， D と r の比から，大まかな値がわかりやすいため，式（4-18）で示すこともある．

$$L = \left(\frac{1}{2} + 2\log_e\frac{D}{r}\right)\times10^{-1}\ \ [\mathrm{mH/km}]$$
$$= 0.05 + 0.4605\log_{10}\frac{D}{r} \tag{4-18}$$

(b) 三相におけるインダクタンス

図4-3に示すように，半径 r の導体a，b，cが距離 D の等間隔で配置されている．

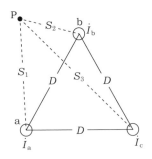

図4-3　三相送電線

このとき，各導体にそれぞれ三相交流電流，$\dot{I}_\mathrm{a}$，$\dot{I}_\mathrm{b}$，$\dot{I}_\mathrm{c}$ が流れている．

$$\dot{I}_\mathrm{a} + \dot{I}_\mathrm{b} + \dot{I}_\mathrm{c} = 0$$

導体外部には導体から十分離れた任意の地点に点Pをおき，導体から点Pまでの距離をそれぞれ S_1，S_2，S_3 とする．

ここで，a相に鎖交する磁束を $\dot{\Phi}_\mathrm{a}$ と定義する．$\dot{\Phi}_\mathrm{a}$ は，$\dot{I}_\mathrm{a}$，$\dot{I}_\mathrm{b}$，$\dot{I}_\mathrm{c}$ から影響を受けるため，式（4-19）で示される．

$$\dot{\Phi}_\mathrm{a} = \dot{\Phi}_\mathrm{aa} + \dot{\Phi}_\mathrm{ab} + \dot{\Phi}_\mathrm{ac} \tag{4-19}$$

$\dot{I}_\mathrm{a}$ による磁束 $\dot{\Phi}_\mathrm{aa}$ は，往復2導体のインダクタンスと同様に導出され，式（4-20）で示される．

$$\dot{\Phi}_\mathrm{aa} = \left(\frac{\mu_\mathrm{s}}{2} + 2\log_e \frac{S_1}{r} \right) \dot{I}_\mathrm{a} \times 10^{-7} \tag{4-20}$$

$\dot{I}_\mathrm{b}$ および $\dot{I}_\mathrm{c}$ による磁束 $\dot{\Phi}_\mathrm{ab}$，磁束 $\dot{\Phi}_\mathrm{ac}$ は，D から点Pまでの距離 S が影響するため式（4-21）となる．

$$\left. \begin{aligned} \dot{\Phi}_\mathrm{ab} &= 2\log \frac{S_2}{D} \dot{I}_\mathrm{b} \times 10^{-7} \\[2mm] \dot{\Phi}_\mathrm{ac} &= 2\log \frac{S_3}{D} \dot{I}_\mathrm{c} \times 10^{-7} \end{aligned} \right\} \tag{4-21}$$

点Pは遠方のため，$S = S_1 = S_2 = S_3$，$\dot{I}_\mathrm{c} = -\left(\dot{I}_\mathrm{a} + \dot{I}_\mathrm{b} \right)$ とおくと，$\dot{\Phi}_\mathrm{a}$ は式（4-22）で示される．

$$
\begin{aligned}
\dot{\Phi}_\mathrm{a} &= \dot{\Phi}_\mathrm{aa} + \dot{\Phi}_\mathrm{ab} + \dot{\Phi}_\mathrm{ac} \\[2mm]
&= \left\{ \left(\frac{\mu_\mathrm{s}}{2} + 2\log_e \frac{S}{r} \right) \dot{I}_\mathrm{a} + 2\log_e \frac{S}{D} \dot{I}_\mathrm{b} + 2\log_e \frac{S}{D} \dot{I}_\mathrm{c} \right\} \times 10^{-7} \\[2mm]
&= \left\{ \left(\frac{\mu_\mathrm{s}}{2} \dot{I}_\mathrm{a} + 2\log_e \frac{S}{r} \dot{I}_\mathrm{a} \right) + 2\log_e \frac{S}{D} \dot{I}_\mathrm{b} - 2\log_e \frac{S}{D} \left(\dot{I}_\mathrm{a} + \dot{I}_\mathrm{b} \right) \right\} \times 10^{-7}
\end{aligned}
$$

$$\dot{\Phi}_\mathrm{a} = \left(\frac{\mu_\mathrm{s}}{2} + 2\log_e \frac{D}{r} \right) \dot{I}_\mathrm{a} \times 10^{-7} \tag{4-22}$$

したがって，インダクタンス L_a は式（4-23）となる．

$$L_{\mathrm{a}} = \frac{\dot{\Phi}_{\mathrm{a}}}{\dot{I}_{\mathrm{a}}} = \left(\frac{\mu_{\mathrm{s}}}{2} + 2\log_{\mathrm{e}} \frac{D}{r} \right) \times 10^{-7} \tag{4-23}$$

b相，c相についても同様に求めることができる.

(c)　三相が等間隔配置でない場合のインダクタンス

　通常，送電線路の線間距離は異なることから等間隔配置でない場合のインダクタンスを求める.

　図4-4に示すように，半径rの導体a，b，cが距離，D_{ab}，D_{bc}，D_{ca}の間隔で配置されている. このとき，各導線に三相交流電流$\dot{I}_{\mathrm{a}}$，$\dot{I}_{\mathrm{b}}$，$\dot{I}_{\mathrm{c}}$が流れている.

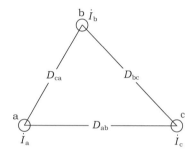

図4-4　各相の配置

　ここで，三相交流のベクトルオペレータを用いて，$\dot{I}_{\mathrm{b}} = a^2 \dot{I}_{\mathrm{a}}$，$\dot{I}_{\mathrm{c}} = a\dot{I}_{\mathrm{a}}$とおく.

$$\dot{\Phi}_{\mathrm{a}} = \dot{\Phi}_{\mathrm{aa}} + \dot{\Phi}_{\mathrm{ab}} + \dot{\Phi}_{\mathrm{ac}}$$

$$= \left\{ \left(\frac{\mu_{\mathrm{s}}}{2} + 2\log_{\mathrm{e}} \frac{S}{r} \right) \dot{I}_{\mathrm{a}} + 2\log_{\mathrm{e}} \frac{S}{D_{\mathrm{ab}}} \dot{I}_{\mathrm{b}} + 2\log_{\mathrm{e}} \frac{S}{D_{\mathrm{ca}}} \dot{I}_{\mathrm{c}} \right\} \times 10^{-7}$$

$$= \left\{ \left(\frac{\mu_{\mathrm{s}}}{2} + 2\log_{\mathrm{e}} \frac{S}{r} \right) + 2\log_{\mathrm{e}} \frac{S}{D_{\mathrm{ab}}} \left(-\frac{1}{2} - \mathrm{j}\frac{\sqrt{3}}{2} \right) \right.$$

$$\left. + 2\log_{\mathrm{e}} \frac{S}{D_{\mathrm{ca}}} \left(-\frac{1}{2} + \mathrm{j}\frac{\sqrt{3}}{2} \right) \right\} \dot{I}_{\mathrm{a}} \times 10^{-7}$$

$$= \left\{ \left(\frac{\mu_{\mathrm{s}}}{2} + 2\log_{\mathrm{e}} \frac{\sqrt{D_{\mathrm{ab}} D_{\mathrm{ca}}}}{r} \right) + \mathrm{j}\frac{\sqrt{3}}{2}\log_{\mathrm{e}} \frac{D_{\mathrm{ab}}}{D_{\mathrm{ca}}} \right\} \dot{I}_{\mathrm{a}} \times 10^{-7} \tag{4-24}$$

式（4-24）の実部がインダクタンスになるため，a相のインダクタンスは式（4-25）となる．

$$L_\text{a} = \frac{\dot{\Phi}_\text{a}}{\dot{I}_\text{a}} = \left(\frac{\mu_\text{s}}{2} + 2\log_e \frac{\sqrt{D_\text{ab}D_\text{ca}}}{r} \right) \times 10^{-7} \qquad (4\text{-}25)$$

同様に，b相，c相が求まる．

$$L_\text{b} = \left(\frac{\mu_\text{s}}{2} + 2\log_e \frac{\sqrt{D_\text{ab}D_\text{bc}}}{r} \right) \times 10^{-7}$$

$$L_\text{c} = \left(\frac{\mu_\text{s}}{2} + 2\log_e \frac{\sqrt{D_\text{bc}D_\text{ca}}}{r} \right) \times 10^{-7}$$

このように，送電端の電圧が平衡であっても，線間距離によって各相のインダクタンスの値が異なり，受電端に影響を及ぼす場合がある．

そのため，図4-5に示すように，各相を入れ替えて電線を張ることでインダクタンスの平均化を図る．これを，ねん架という．

このときの，D_e を平均等価距離という．

$$L = \frac{1}{3}\left(L_\text{a} + L_\text{b} + L_\text{c} \right)$$

$$= \frac{1}{3}\left(\frac{\mu_\text{s}}{2} + 2\log_e \frac{\sqrt{D_\text{ab}D_\text{ca}}}{r} + \frac{\mu_\text{s}}{2} + 2\log_e \frac{\sqrt{D_\text{ab}D_\text{bc}}}{r} + \frac{\mu_\text{s}}{2} + 2\log_e \frac{\sqrt{D_\text{bc}D_\text{ca}}}{r} \right)$$

$$= \frac{\mu_\text{s}}{2} + 2\log_e \frac{\sqrt[3]{D_\text{ab}D_\text{bc}D_\text{ca}}}{r}$$

$$= \frac{\mu_\text{s}}{2} + 2\log_e \frac{D_\text{e}}{r}$$

$$D_\text{e} = \sqrt[3]{D_\text{ab}D_\text{bc}D_\text{ca}}$$

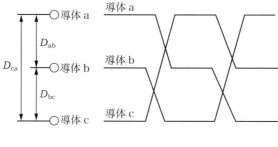

図4-5　ねん架

(d)　大地を帰路回路とした場合のインダクタンス

　地上 h に張られた送電線では大地を帰路回路としてみなすことができる．そのため，電気影像により，見かけ上深さ H の地点に電線が配置された場合と等価となる．そのときのインダクタンスは，式(4-26)で示される(D を $h + H$ で置き換える)．

$$L = \left(\frac{\mu_s}{2} + 2\log_e \frac{h+H}{r}\right) \times 10^{-7}\ [\mathrm{H}] \tag{4-26}$$

　H は地盤に依存し，等価大地帰路の深さは，約 $300 \sim 600$ m 程度とされる．

　このように，送電線のインダクタンスは，幾何学的配置に依存し，いずれの場合でも基本式と同じ，電線の半径と距離をパラメータとした関数で示すことができる．

(3)　静電容量

　静電容量は，電線の直径と線間で決まることから，電線が短い場合には，その影響はほとんど受けない．

　しかしながら，電線が長くなるにつれ，電線間および地面との間で静電容量の影響が現れる．図4-6で示されるように線間静電容量を C_m，対地静電容量を C_s と表現する．

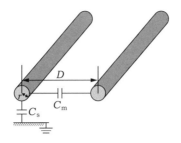

図4-6 送電線の静電容量

(a) 2導体間の静電容量

図4-7に示す半径r,線間距離Dに2本の導体1,導体2が配置されている.各導体に,それぞれ$+Q$と$-Q$の電荷が存在する場合の単位長当たりの静電容量を求める.

導体1の$+Q$による電界を$\dot{E}_1$,導体2の$-Q$による電界を$\dot{E}_2$とおく.

そのとき,点xの$\dot{E}_1$はガウスの定理より,式(4-27)となる.

ここで,ε_0は真空中の誘電率($\varepsilon_0 = 8.854 \times 10^{-12}$ F/m)であり,気体の比誘電率は通常1となる.

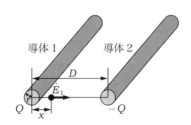

図4-7 2導体間の静電容量

$$\dot{E}_1 \times (2\pi x \times 1) = \frac{Q}{\varepsilon_0}$$

$$\dot{E}_1 \times \frac{Q}{2\pi\varepsilon_0 x} \ [\mathrm{V/m}] \tag{4-27}$$

同様に,$D - x$の$\dot{E}_2$は式(4-28)で示される.

$$\dot{E}_2 \times \frac{-Q}{2\pi\varepsilon_0 (D - x)} \ [\text{V/m}] \tag{4-28}$$

そのため，導体1と導体2の間の任意の点xにおける電界は式（4-29）となる．

$$\dot{E} = \dot{E}_1 - \dot{E}_2 = \frac{Q}{2\pi\varepsilon_0}\left(\frac{1}{x} + \frac{1}{D - x}\right) \ [\text{V/m}] \tag{4-29}$$

電位差Vは導体2の表面から，導体1の表面までの範囲を積分することで求まる．

$$V = \int_r^{D-r} \dot{E}\mathrm{d}x = \frac{Q}{2\pi\varepsilon_0} \int_r^{D-r}\left(\frac{1}{x} + \frac{1}{D - x}\right)\mathrm{d}x$$

$$= \frac{Q}{2\pi\varepsilon_0}\Big[\log_e x - \log_e (D - x)\Big]_r^{D-r} = \frac{Q}{\pi\varepsilon_0}\log_e \frac{D - r}{r}$$

$CV = Q$の関係から単位長当たりの静電容量は式（4-30）で示される．

$$C = \frac{Q}{V} = \frac{\pi\varepsilon_0}{\log_e \dfrac{D - r}{r}} \ [\mu\text{F/km}] \tag{4-30}$$

インダクタンスと同様に，$D \gg r$とおき，自然対数を常用対数に換算すると，静電容量は式（4-31）となる．

$$C = \frac{0.01207}{\log_{10} \dfrac{D}{r}} \ [\mu\text{F/km}] \tag{4-31}$$

(b) 対地静電容量

図4-8に示すように，地上高h [m]に半径rの導体が張られている場合，2導体間の静電容量で求めた$D = 2h$とみなせるため，導体間の静電容量Cは式（4-32）となる．

$$C = \frac{0.01207}{\log_{10} \dfrac{2h}{r}} \ [\mu\text{F/km}] \tag{4-32}$$

ここで，地面を基準とすると対地静電容量は $C_\mathrm{s} = 2 \times C$ より，式（4-33）となる．

$$C_\mathrm{s} = \frac{0.02414}{\log_{10} \dfrac{2h}{r}} \ [\mu\mathrm{F/km}] \tag{4-33}$$

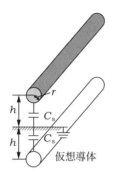

図4-8　対地静電容量

(c)　２導体の作用静電容量

図4-9に示すように，高さ h [m] に導体1と導体2がある．導体間の距離を D [m] とし，導体1，2の電荷及び電位をそれぞれ Q_1, Q_2, V_1, V_2 とする．（ $D \gg r$ ）

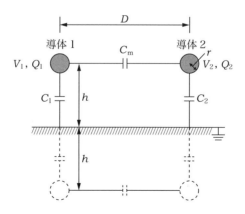

図4-9　２導体の作用静電容量

地面の下には仮想導体があると仮定すると，式 (4-34) の関係式が導かれる.

$$V_1 = p_{11}Q_1 + p_{12}Q_2$$
$$V_2 = p_{21}Q_1 + p_{22}Q_2 \qquad (4\text{-}34)$$

ここで，導体1と仮想導体1の電位差は $2V_1$ となる.

$$2V_1 = \frac{Q_1}{\pi\varepsilon_0} \cdot \log_e \frac{2h}{r}$$

Q_2 を0とし，p_{11} を求めると式 (4-35) となる.

$$p_{11} = \frac{V_1}{Q_1} = \frac{\log_e \dfrac{2h}{r}}{2\pi\varepsilon_0} = 2\log_e \frac{2h}{r} \times 9 \times 10^9 \, (= p_{22}) \qquad (4\text{-}35)$$

同様に，p_{12} は式 (4-36) となる.

$$V_{12} = \frac{Q_2}{2\pi\varepsilon_0} \cdot \log_e \frac{H}{D}$$

$$p_{12} = \frac{V_{12}}{Q_2} = \frac{\log_e \dfrac{H}{D}}{2\pi\varepsilon_0} = 2\log_e \frac{H}{D} \times 9 \times 10^9 \, (= p_{21}) \qquad (4\text{-}36)$$

ここで，電荷 Q_1，Q_2 を求め $CV = Q$ の関係から，式 (4-37) を用いて各静電容量を導出する.（$\Delta = p_{11}p_{22} - p_{12}p_{21}$）

$$\left. \begin{array}{l} Q_1 = \dfrac{p_{22}}{\Delta}V_1 + \dfrac{-p_{12}}{\Delta}V_2 \\[3mm] Q_2 = \dfrac{-p_{21}}{\Delta}V_1 + \dfrac{p_{11}}{\Delta}V_2 \end{array} \right\} \qquad (4\text{-}37)$$

電位差を考慮し，式 (4-38) に変形する.

$$\left. \begin{array}{l} Q_1 = \dfrac{p_{22} - p_{12}}{\Delta}V_1 + \dfrac{-p_{12}}{\Delta}(V_2 - V_1) \\[3mm] Q_2 = \dfrac{-p_{21}}{\Delta}(V_1 - V_2) + \dfrac{p_{11} - p_{21}}{\Delta}V_2 \end{array} \right\} \qquad (4\text{-}38)$$

式 (4-38) より，各静電容量は次の関係となる.

$$C_1 = \frac{p_{22} - p_{12}}{\Delta}, \quad C_2 = \frac{p_{11} - p_{21}}{\Delta}, \quad C_\mathrm{m} = \frac{p_{12}}{\Delta}$$

したがって，式 (4-39) および式 (4-40) が求まる.

$$C_\mathrm{s} = C_1 = C_2 = \frac{p_{11} - p_{12}}{(p_{11} + p_{12})(p_{11} - p_{12})} = \frac{1}{p_{11} + p_{12}}$$

$$= \frac{1}{2\log_\mathrm{e} \dfrac{2hH}{rD} \times 9 \times 10^9} \ \mathrm{F/m}$$

$$= \frac{0.02414}{\log_{10} \dfrac{2hH}{rD}} \ [\mu\mathrm{F/km}] \tag{4-39}$$

$$C_\mathrm{m} = \frac{p_{12}}{(p_{11} + p_{12})(p_{11} - p_{12})} = \frac{\log_\mathrm{e} \dfrac{H}{D}}{\log_\mathrm{e} \dfrac{2hH}{rD} \log_\mathrm{e} \dfrac{2hD}{rH}} \ [\mathrm{F/m}]$$

$$= \frac{0.02414 \log_{10} \dfrac{H}{D}}{\log_{10} \dfrac{2hH}{rD} \log_{10} \dfrac{2hD}{rH}} \ [\mu\mathrm{F/km}] \tag{4-40}$$

図 4-10 で示す電位 0 の点 N で C_m を分割した C_N を作用静電容量といい，式 (4-41) で表すことができる.

$$C_\mathrm{N} = C_\mathrm{s} + 2C_\mathrm{m} \tag{4-41}$$

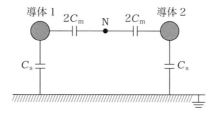

図4-10　作用静電容量

3導体におけるC_Nは，図4-11のように$\Delta - Y$変換を行い，式（4-42）で示すことができる．

$$C_N = C_s + 3C_m \tag{4-42}$$

なお，作用静電容量は特別高圧送電線で$8 \sim 10 \times 10^{-3}$ $\mu\mathrm{F}/\mathrm{km}$，高圧送電線で$5 \times 10^{-3}$ $\mu\mathrm{F}/\mathrm{km}$程度となる．

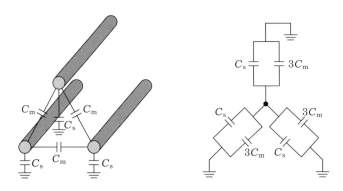

図4-11　3導体における1相当たりの静電容量

5 送電線の等価回路

5.1 集中定数回路と分布定数回路

　基礎的な電気回路において，抵抗 R [Ω] やインダクタンス L [H]，静電容量 C [F]，コンダクタンス G [S] などの負荷は，図5-1に示すように回路素子として示された．このような回路を，集中定数回路と呼ぶ．

　一般に，電気回路に供給される交流の波長より，十分小さい回路素子や短い配線であれば交流信号の位相変化を無視できる．そのため集中定数回路では，電圧等のパラメータに大きな誤差は生じない．

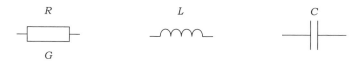

図5-1　集中定数回路

　一方，送電線は非常に長い電線であり，図5-2に示すように線路上の任意の点に，抵抗やインダクタンス，静電容量は示されない．これらのパラメータは，線路の長さ方向に一様に分布していることから分布定数回路として計算する必要がある．しかしながら，分布定数回路を扱うと計算が複雑になる．

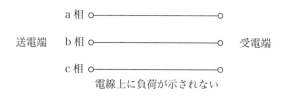

図5-2　送電線路送電線の等価回路

　分布定数回路は，交流の波長に比べ十分に大きなスケールをもつ回路が対象となるため，商用周波数であっても長い送電線路や，小さな電子回路であっても高周波の場合に考慮する必要がある．

　一方，送電線路においてもスケールが小さい場合，つまり電線の長さによっては集中回路で近似してもよい．送電線における電圧および電流は線路上を波動として伝搬する．このときの波動は式（5-1）に示す波長 λ で表すことができる．（c：光速 3×10^8 m／s）

$$\lambda = \frac{c}{f} \tag{5-1}$$

　送電線は，60 Hz 又は 50 Hz の商用周波数であることから，例えば，$f = 60$ Hz であれば $\lambda = 5000$ km となる．伝搬する波動の性質は，1/4 波長で評価されることから，送電線路の長さが 1/4 波長と比較して，大幅に短ければ短距離送電線路として扱う．$f = 60$ Hz では 1250 km となるため，計算結果の誤差を 1 ％以下に収めるには，短距離送電線の長さは十数 km とみなしても差し支えない．

5.2　短距離送電線路

　一般に短距離送電線路は 10 km 程度として扱い，図 5-3 に示すように静電容量や漏れコンダクタンスを考慮しない，抵抗とインダクタンスを用いた集中回路となる．

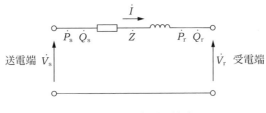

図 5-3　短距離送電線路

　このとき，送電端および受電端における，それぞれの電圧電流を $\dot{V}_s$，$\dot{I}_s$（s：送電端），V_r，I_r（r：受電端）と定義すると，短距離送電線路は，簡単な等価回路で

示される．また，送電端及び受電端の関係は図5-4となり，式(5-2)で示すことができる．

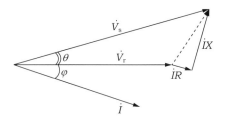

図5-4　短距離送電

$$\dot{V_s} = \dot{V_r} + (R + jX)\dot{I}$$

$$\dot{V_s} = \sqrt{(V_r \cos\varphi + IR)^2 + (V_r \sin\varphi + IX)^2} \tag{5-2}$$

5.3　中距離送電線路

　線路の長さが数十kmから数百kmの中距離送電線路になると，静電容量の影響は無視できなくなる．この場合でも，送電線の等価回路は，集中回路として置き換えても差し支えない．しかしながら，静電容量を考慮するため，図5-5に示すように，等価回路はT型またはπ型となる．

　中距離送電線における回路計算では，送電端と受電端間の回路定数を，$\dot{A}$，$\dot{B}$，$\dot{C}$，$\dot{D}$で扱うと都合が良い．

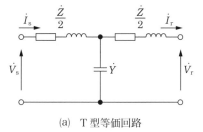

(a)　T型等価回路

図5-5　中距離送電線の等価回路

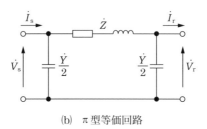

(b)　π型等価回路

図5-5　中距離送電線の等価回路

(1)　四端子回路

　四端子回路は図5-6に示すように入力端子と出力端子がある回路で，内部に起電力を含まないブラックボックスを扱う．一般に，ブラックボックスは独立したパラメータで決定される．

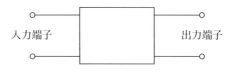

図5-6　四端子回路

(2)　四端子定数

　図5-7に示すように，入力側の電圧・電流特性と出力側の電圧・電流と特性の関係を，式 (5-3) で表すパラメータを用いて示す．

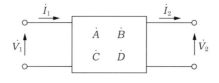

図5-7　四端子定数

$$\left.\begin{array}{l} \dot{V}_1 = \dot{A}\dot{V}_2 + \dot{B}\dot{I}_2 \\ \dot{I}_1 = \dot{C}\dot{V}_2 + \dot{D}\dot{I}_2 \end{array}\right\} \tag{5-3}$$

この$\dot{A}$, $\dot{B}$, $\dot{C}$, $\dot{D}$を四端子定数（Four-terminal constants）という. 式(5-4)で示すように, $\dot{A}$と$\dot{D}$は無次元であり, $\dot{B}$はインピーダンス, $\dot{C}$はアドミタンスとなる.

$$\left.\begin{array}{l} \dot{A} = \left(\dfrac{\dot{V}_1}{\dot{V}_2}\right)_{\dot{I}_2=0} \\[3ex] \dot{B} = \left(\dfrac{\dot{V}_1}{\dot{I}_2}\right)_{\dot{V}_2=0} \\[3ex] \dot{C} = \left(\dfrac{\dot{I}_1}{V_2}\right)_{\dot{I}_2=0} \\[3ex] \dot{D} = \left(\dfrac{\dot{I}_1}{\dot{I}_2}\right)_{\dot{V}_2=0} \end{array}\right\} \tag{5-4}$$

これをマトリクス表示すると, 式(5-5)となる. このように四端子定数を考慮すると, 実用回路において取扱いやすくなる.

$$\begin{bmatrix} \dot{V}_1 \\ \dot{I}_1 \end{bmatrix} = \begin{bmatrix} \dot{A} & \dot{B} \\ \dot{C} & \dot{D} \end{bmatrix} \begin{bmatrix} \dot{V}_2 \\ \dot{I}_2 \end{bmatrix} \tag{5-5}$$

一方, 図5-8に示すように, 二つ以上の四端子回路を縦続接続（Cascade connection）すると, 四端子定数のパラメータはそれぞれ独立であることから, 式(5-6)のように計算が容易となる. つまり, 縦続接続後の四端子定数は式(5-7)となる.

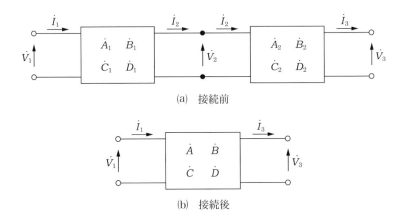

(a)　接続前

(b)　接続後

図5-8　縦続接続（四端子定数による表現）

$$\begin{bmatrix} \dot{V}_1 \\ \dot{I}_1 \end{bmatrix} = \begin{bmatrix} \dot{A}_1 & \dot{B}_1 \\ \dot{C}_1 & \dot{D}_1 \end{bmatrix} \begin{bmatrix} \dot{V}_2 \\ \dot{I}_2 \end{bmatrix}$$

$$\begin{bmatrix} \dot{V}_2 \\ \dot{I}_2 \end{bmatrix} = \begin{bmatrix} \dot{A}_2 & \dot{B}_2 \\ \dot{C}_2 & \dot{D}_2 \end{bmatrix} \begin{bmatrix} \dot{V}_3 \\ \dot{I}_3 \end{bmatrix}$$

$$\therefore \begin{bmatrix} \dot{V}_1 \\ \dot{I}_1 \end{bmatrix} = \begin{bmatrix} \dot{A}_1 & \dot{B}_1 \\ \dot{C}_1 & \dot{D}_1 \end{bmatrix} \begin{bmatrix} \dot{A}_2 & \dot{B}_2 \\ \dot{C}_2 & \dot{D}_2 \end{bmatrix} \begin{bmatrix} \dot{V}_3 \\ \dot{I}_3 \end{bmatrix} \tag{5-6}$$

$$\begin{bmatrix} \dot{A} & \dot{B} \\ \dot{C} & \dot{D} \end{bmatrix} = \begin{bmatrix} \dot{A}_1 & \dot{B}_1 \\ \dot{C}_1 & \dot{D}_1 \end{bmatrix} \begin{bmatrix} \dot{A}_2 & \dot{B}_2 \\ \dot{C}_2 & \dot{D}_2 \end{bmatrix} = \begin{bmatrix} \dot{A}_1 \dot{A}_2 + \dot{B}_1 \dot{C}_2 & \dot{A}_1 \dot{B}_2 + \dot{B}_1 \dot{D}_2 \\ \dot{C}_1 \dot{A}_2 + \dot{D}_1 \dot{C}_2 & \dot{C}_1 \dot{B}_2 + \dot{D}_1 \dot{D}_2 \end{bmatrix} \tag{5-7}$$

　四端子定数は互いに独立していることから，接続回路が多段となっても同様に扱うことができる．図5-9に示す，インピーダンスを含む回路での四端子網の$\dot{A}$，$\dot{B}$，$\dot{C}$，$\dot{D}$を求めると，式（5-8）となる．また，図5-10に示す，アドミタンスを含む回路では，式（5-9）が成立する．

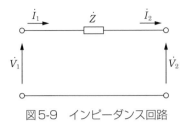

図5-9　インピーダンス回路

$$\dot{V}_1 = V_2 + \dot{Z}\dot{I}_2$$

$$\dot{I}_1 = \dot{I}_2$$

$$\begin{bmatrix} \dot{A} & \dot{B} \\ \dot{C} & \dot{D} \end{bmatrix} = \begin{bmatrix} 1 & \dot{Z} \\ 0 & 1 \end{bmatrix} \tag{5-8}$$

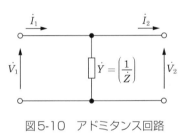

図5-10　アドミタンス回路

$$\dot{V}_1 = \dot{V}_2$$

$$\dot{I}_1 = \frac{\dot{V}_2}{\dot{Z}} + \dot{I}_2$$

$$\begin{bmatrix} \dot{A} & \dot{B} \\ \dot{C} & \dot{D} \end{bmatrix} = \begin{bmatrix} 1 & 0 \\ \dfrac{1}{\dot{Z}} & 1 \end{bmatrix} = \begin{bmatrix} 1 & 0 \\ \dot{Y} & 1 \end{bmatrix} \tag{5-9}$$

図5-11で示すように2つの回路を接続すると，四端子定数は，式（5-10）となる．

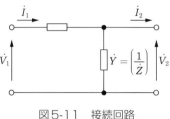

図5-11 接続回路

$$\begin{bmatrix} \dot{A} & \dot{B} \\ \dot{C} & \dot{D} \end{bmatrix} = \begin{bmatrix} 1 & \dot{Z} \\ 0 & 1 \end{bmatrix}\begin{bmatrix} 1 & 0 \\ \dot{Y} & 1 \end{bmatrix} = \begin{bmatrix} 1+\dot{Z}\dot{Y} & \dot{Z} \\ \dot{Y} & 1 \end{bmatrix} \tag{5-10}$$

中距離送電線路のT型等価回路は，独立した2個のインピーダンス，1個のアドミタンスで表すことができる．このとき，4端子定数は，式（5-11）となる．

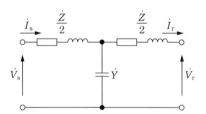

図5-12 中距離送電線路のT型等価回路

$$\begin{bmatrix} \dot{V}_{\mathrm{s}} \\ \dot{I}_{\mathrm{s}} \end{bmatrix} = \begin{bmatrix} 1 & \dfrac{\dot{Z}}{2} \\ 0 & 1 \end{bmatrix}\begin{bmatrix} 1 & 0 \\ \dot{Y} & 1 \end{bmatrix}\begin{bmatrix} 1 & \dfrac{\dot{Z}}{2} \\ 0 & 1 \end{bmatrix}\begin{bmatrix} \dot{V}_{\mathrm{r}} \\ \dot{I}_{\mathrm{r}} \end{bmatrix}$$

$$= \begin{bmatrix} 1+\dfrac{\dot{Z}\dot{Y}}{2} & \dot{Z}\left(1+\dfrac{\dot{Z}\dot{Y}}{4}\right) \\ \dot{Y} & 1+\dfrac{\dot{Z}\dot{Y}}{2} \end{bmatrix}\begin{bmatrix} \dot{V}_{\mathrm{r}} \\ \dot{I}_{\mathrm{r}} \end{bmatrix} \tag{5-11}$$

また，中距離送電線路のπ型等価回路においては2個のアドミタンス，1個のインピーダンスで近似できることから，式（5-12）で示される．

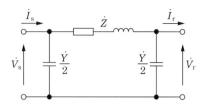

図5-13　中距離送電線路のπ型等価回路

$$\begin{bmatrix} \dot{V}_{\mathrm{s}} \\ \dot{I}_{\mathrm{s}} \end{bmatrix} = \begin{bmatrix} 1 & 0 \\ \dfrac{\dot{Y}}{2} & 1 \end{bmatrix} \begin{bmatrix} 1 & \dot{Z} \\ 0 & 1 \end{bmatrix} \begin{bmatrix} 1 & 0 \\ \dfrac{\dot{Y}}{2} & 1 \end{bmatrix} \begin{bmatrix} \dot{V}_{\mathrm{r}} \\ \dot{I}_{\mathrm{r}} \end{bmatrix}$$

$$= \begin{bmatrix} 1 + \dfrac{\dot{Z}\dot{Y}}{2} & \dot{Z} \\ \dot{Y}\left(1 + \dfrac{\dot{Z}\dot{Y}}{4}\right) & 1 + \dfrac{\dot{Z}\dot{Y}}{2} \end{bmatrix} \begin{bmatrix} \dot{V}_{\mathrm{r}} \\ \dot{I}_{\mathrm{r}} \end{bmatrix} \qquad (5\text{-}12)$$

5.4　長距離送電線路

　電線の長さが数百kmを超えると長距離送電線路として扱う必要がある.

　この場合，回路の長さが商用周波数の1/4波長と比較して無視できない大きさになることから，図5-14のように線路に負荷を分布させた，分布定数回路として扱う.

　負荷は，単位長さ当たりの抵抗R [Ω/m]，インダクタンスL [H/m]，静電容量C [F/m]，漏れコンダクタンスG [s/m]で構成され，直列インピーダンス$\dot{Z}$と，並列アドミタンス$\dot{Y}$で示される.

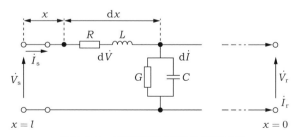

図5-14　長距離送電線路の等価回路

ここで，等価回路上の単位長さ当たりのインピーダンスおよびアドミタンスを，それぞれ式（5-13）および式（5-14）とおく．

$$\dot{Z} = R + j\omega L \tag{5-13}$$

$$\dot{Y} = G + j\omega C \tag{5-14}$$

このとき，単位長さ当たりの電圧および電流は式（5-15），式（5-16）で与えられる．

$$\dot{V} = \dot{Z}\dot{I} \tag{5-15}$$

$$\dot{I} = \dot{Y}\dot{V} \tag{5-16}$$

微小区間における電圧および電流の変化分は，式（5-17）および式（5-18）で表すことができる．

$$d\dot{V} = -\dot{Z}\dot{I}dx \tag{5-17}$$

$$d\dot{I} = -\dot{Y}\dot{V}dx \tag{5-18}$$

ここで，計算過程で $x = 0$ を受電端，$x = l$ を送電端とおき，受電端0から送電端 l までの微分方程式を考える．この場合，電流を逆向きにする必要がある（多くの場合では送電端を0，受電端を l として導出するが，最終的に計算が容易なことから反対に定義した）．

したがって，式（5-17）および式（5-18）は，式（5-19）および式（5-20）となる．

$$d\dot{V} = \dot{Z}\dot{I}dx \tag{5-19}$$

$$d\dot{I} = \dot{Y}\dot{V}dx \tag{5-20}$$

式（5-19），式（5-20）を展開し，微分することで式（5-21），式（5-22）の電圧特性および電流特性が求まる．

$$\frac{\mathrm{d}\dot{V}}{\mathrm{d}x} = \dot{Z}\dot{I}$$

$$\frac{\mathrm{d}\dot{I}}{\mathrm{d}x} = \dot{Y}\dot{V}$$

$$\frac{\mathrm{d}^2\dot{V}}{\mathrm{d}x^2} = \dot{Z}\frac{\mathrm{d}\dot{I}}{\mathrm{d}x} = \dot{Z}\dot{Y}\dot{V} \tag{5-21}$$

$$\frac{\mathrm{d}^2\dot{I}}{\mathrm{d}x^2} = \dot{Y}\frac{\mathrm{d}\dot{V}}{\mathrm{d}x} = \dot{Z}\dot{Y}\dot{I} \tag{5-22}$$

式 (5-21) は 2 階微分方程式となり, この一般解は式 (5-23) となる.

$$\dot{V} = A_1\mathrm{e}^{\dot{\gamma}x} + A_2\mathrm{e}^{-\dot{\gamma}x} \tag{5-23}$$

ここで, 係数 $\dot{\gamma}$ は式 (5-24) となる. この, $\dot{\gamma}$ は伝搬の特性 (波形) を決定することから伝搬定数 (Propagation constant) と呼ぶ.

$$\frac{\mathrm{d}^2\dot{V}}{\mathrm{d}x^2} = \dot{\gamma}^2\left(A_1\mathrm{e}^{\dot{\gamma}x} + A_2\mathrm{e}^{-\dot{\gamma}x}\right) = \dot{\gamma}^2\dot{V} = \dot{Z}\dot{Y}\dot{V} \Rightarrow \dot{\gamma} = \sqrt{\dot{Z}\dot{Y}} \tag{5-24}$$

次に, 電流の方程式を展開すると式 (5-25) が導かれる.

$$\dot{I} = \frac{1}{\dot{Z}}\frac{\mathrm{d}\dot{V}}{\mathrm{d}x} = \frac{\dot{\gamma}}{\dot{Z}}\left(A_1\mathrm{e}^{\dot{\gamma}x} - A_2\mathrm{e}^{-\dot{\gamma}x}\right)$$

$$= \sqrt{\frac{\dot{Y}}{\dot{Z}}}\left(A_1\mathrm{e}^{\dot{\gamma}x} - A_2\mathrm{e}^{-\dot{\gamma}x}\right)$$

$$= \frac{1}{\dot{Z}_0}\left(A_1\mathrm{e}^{\dot{\gamma}x} - A_2\mathrm{e}^{-\dot{\gamma}x}\right) \tag{5-25}$$

このとき, $\dot{Z}_0\left(=\sqrt{\dfrac{\dot{Z}}{\dot{Y}}}\right)$ は, 電圧あるいは電流の大きさを決める定数となることから, 特性インピーダンス (Characteristic impedance) という.

ここで, 初期条件である受電端 $x = 0$, $\dot{V} = \dot{V}_\mathrm{r}$, $\dot{I} = \dot{I}_\mathrm{r}$ を, 式 (5-23) および式 (5-25) に代入し, 定数 A_1 および A_2 を求める.

$$\dot{V}_r = A_1 + A_2$$

$$\dot{I}_r = \frac{1}{\dot{Z}_0}\left(A_1 - A_2\right)$$

$$A_1 = \frac{\dot{V}_r + \dot{Z}_0 \dot{I}_r}{2}$$

$$A_2 = \frac{\dot{V}_r - \dot{Z}_0 \dot{I}_r}{2}$$

式 (5-23) に，A_1 および A_2 を代入し展開すると電圧特性が求まる．同様に電流について求めると，長距離送電線路の電圧特性および電流特性は式 (5-26) および式 (5-27) に示す関数となる．

$$\dot{V} = \frac{\dot{V}_r + \dot{Z}_0 \dot{I}_r}{2}e^{\dot{\gamma}x} + \frac{\dot{V}_r - \dot{Z}_0 \dot{I}_r}{2}e^{-\dot{\gamma}x}$$

$$= \dot{V}_r\left(\frac{e^{\dot{\gamma}x} + e^{-\dot{\gamma}x}}{2}\right) + \dot{Z}_0 \dot{I}_r\left(\frac{e^{\dot{\gamma}x} - e^{-\dot{\gamma}x}}{2}\right)$$

$$= \dot{V}_r \cosh\dot{\gamma}x + \dot{Z}_0 \dot{I}_r \sinh\dot{\gamma}x \tag{5-26}$$

$$\dot{I} = \frac{1}{\dot{Z}_0}\left(\frac{\dot{V}_r + \dot{Z}_0 \dot{I}_r}{2}e^{\dot{\gamma}x} - \frac{\dot{V}_r - \dot{Z}_0 \dot{I}_r}{2}e^{-\dot{\gamma}x}\right)$$

$$= \frac{\dot{V}_r}{\dot{Z}_0}\left(\frac{e^{\dot{\gamma}x} - e^{-\dot{\gamma}x}}{2}\right) + \dot{I}_r\left(\frac{e^{\dot{\gamma}x} + e^{-\dot{\gamma}x}}{2}\right)$$

$$= \frac{\dot{V}_r}{\dot{Z}_0}\sinh\dot{\gamma}x + \dot{I}_r \cosh\dot{\gamma}x \tag{5-27}$$

次に，初期条件となる送電端 $x = l$，$\dot{V} = \dot{V}_s$，$\dot{I} = \dot{I}_s$ を代入し，中距離送電線路と同様の形で表すと，長距離送電線路の特性は式 (5-28) となる．

$$\begin{bmatrix}\dot{V}_s \\ \dot{I}_s\end{bmatrix} = \begin{bmatrix}\cosh\dot{\gamma}\ell & \dot{Z}_0\sinh\dot{\gamma}\ell \\ \frac{1}{\dot{Z}_0}\sinh\dot{\gamma}\ell & \cosh\dot{\gamma}\ell\end{bmatrix}\begin{bmatrix}\dot{V}_r \\ \dot{I}_r\end{bmatrix} \tag{5-28}$$

次に，分布定数回路において回路定数を R，L，C，G とした場合の伝搬定数 $\dot{\gamma}$ および特性インピーダンス $\dot{Z}_0$ を求める.

式 (5-28) で示される伝搬定数 $\dot{\gamma}$ 実部を α，虚部を β とおく.

$$\dot{\gamma} = \sqrt{\dot{Z}\dot{Y}} = \sqrt{(R + \mathrm{j}\omega L)(G + \mathrm{j}\omega C)} = \alpha + \mathrm{j}\beta \qquad (5\text{-}29)$$

計算過程で A，B を用い式 (5-29) を展開する.

$$\alpha^2 - \beta^2 = RG - \omega^2 LC (= A)$$

$$2\alpha\beta = \omega(GL + RC)(= B)$$

$$\alpha = \frac{B}{2\beta}$$

$$\frac{B^2}{(2\beta)^2} - \beta^2 = A$$

$$4\beta^4 + 4A\beta^2 = B^2$$

$$4\left(\beta^2 + \frac{A}{2}\right)^2 = A^2 + B^2$$

$$\beta^2 + \frac{A}{2} = \frac{1}{2}\sqrt{A^2 + B^2}$$

$$\beta = \sqrt{\frac{1}{2}\sqrt{A^2 + B^2} - \frac{A}{2}}$$

同様に，α を求める.

$$\beta = \frac{B}{2\alpha}$$

$$\alpha^2 - \frac{B^2}{(2\alpha)^2} = A$$

$$4\alpha^2 - 4\mathrm{A}\alpha^2 = B^2$$

$$4\left(\alpha^2 - \frac{A}{2}\right)^2 = A^2 + B^2$$

$$\alpha^2 - \frac{A}{2} = \frac{1}{2}\sqrt{A^2 + B^2}$$

$$\alpha = \sqrt{\frac{1}{2}\sqrt{A^2 + B^2} + \frac{A}{2}}$$

ここで，$A^2 + B^2$ は次式となる．

$$
\begin{aligned}
A^2 + B^2 &= \left(RG - \omega^2 LC\right) + \omega^2 \left(LG + RC\right)^2 \\
&= R^2 G^2 + \omega^4 L^2 C^2 + \omega^2 G^2 L^2 + \omega^2 R^2 C^2 \\
&= R^2\left(G^2 + \omega^2 C^2\right) + \omega^2 L^2\left(G^2 + \omega^2 C^2\right) = \left(R^2 + \omega^2 L^2\right)\left(G^2 + \omega^2 C^2\right)
\end{aligned}
$$

したがって，α および β は式（5-30）および式（5-31）となる．

$$\alpha = \sqrt{\frac{1}{2}\left\{\sqrt{\left(R^2 + \omega^2 L^2\right)\left(G^2 + \omega^2 C^2\right)} + \left(RG - \omega^2 LC\right)\right\}} \qquad (5\text{-}30)$$

$$\beta = \sqrt{\frac{1}{2}\left\{\sqrt{\left(R^2 + \omega^2 L^2\right)\left(G^2 + \omega^2 C^2\right)} - \left(RG - \omega^2 LC\right)\right\}} \qquad (5\text{-}31)$$

次に，特性インピーダンス $\dot{Z}_0$ の実部を R_0，虚部を X_0 とおき，式を展開すると，式（5-32）および式（5-33）が導かれる．

$$\dot{Z}_0 = R_0 + \mathrm{j}X_0 = \sqrt{\frac{R + \mathrm{j}\omega L}{G + \mathrm{j}\omega C}}$$

$$R_0{}^2 - X_0{}^2 = \frac{RG + \omega^2 LC}{G^2 + \omega^2 C^2} (= A)$$

$$2R_0 X_0 = \frac{\omega\left(GL - CR\right)}{G^2 + \omega^2 C^2} (= B)$$

$$
\begin{aligned}
A^2 + B^2 &= \frac{R^2 G^2 + \omega^4 L^2 C^2 + \omega^2 G^2 L^2 + \omega^2 R^2 C^2}{\left(G^2 + \omega^2 C^2\right)^2} \\
&= \frac{R^2\left(G^2 + \omega^2 C^2\right) + \omega^2 L^2\left(G^2 + \omega^2 C^2\right)}{\left(G^2 + \omega^2 C^2\right)^2} = \frac{R^2 + \omega^2 L^2}{G^2 + \omega^2 C^2}
\end{aligned}
$$

$$R_0 = \sqrt{\frac{1}{2}\left\{\sqrt{\frac{R^2 + \omega^2 L^2}{G^2 + \omega^2 C^2}} + \frac{RG + \omega^2 LC}{G^2 + \omega^2 C^2}\right\}} \qquad (5\text{-}32)$$

$$X_0 = \pm\sqrt{\frac{1}{2}\left\{\sqrt{\frac{R^2 + \omega^2 L^2}{G^2 + \omega^2 C^2}} - \frac{RG + \omega^2 LC}{G^2 + \omega^2 C^2}\right\}} \qquad (5\text{-}33)$$

（別解）

式 (5-17) および式 (5-18) について，計算過程で $x = 0$ を送電端，$x = l$ を受電端とおく．そのとき，式 (5-33)，式 (5-34) のように，電圧特性および電流特性が求まる.

$$\mathrm{d}\dot{V} = -\dot{Z}\dot{I}\mathrm{d}x$$

$$\mathrm{d}\dot{I} = -\dot{Y}\dot{V}\mathrm{d}x$$

$$\frac{\mathrm{d}\dot{V}}{\mathrm{d}x} = -\dot{Z}\dot{I}$$

$$\frac{\mathrm{d}\dot{I}}{\mathrm{d}x} = -\dot{Y}\dot{V}$$

$$\frac{\mathrm{d}^2\dot{V}}{\mathrm{d}x^2} = -\dot{Z}\frac{\mathrm{d}\dot{I}}{\mathrm{d}x} = \dot{Z}\dot{Y}\dot{V} \qquad (5\text{-}34)$$

$$\frac{\mathrm{d}^2\dot{I}}{\mathrm{d}x^2} = -\dot{Y}\frac{\mathrm{d}\dot{V}}{\mathrm{d}x} = \dot{Z}\dot{Y}\dot{I} \qquad (5\text{-}35)$$

方程式の解は，式 (5-36)，式 (5-37) で示される.

$$\dot{V} = A_1 \mathrm{e}^{\dot{\gamma}x} + A_2 \mathrm{e}^{-\dot{\gamma}x} \qquad (5\text{-}36)$$

$$\dot{I} = -\frac{1}{\dot{Z}}\frac{\mathrm{d}\dot{V}}{\mathrm{d}x} = -\frac{1}{\dot{Z}_0}\left(A_1 \mathrm{e}^{\dot{\gamma}x} - A_2 \mathrm{e}^{-\dot{\gamma}x}\right) \qquad (5\text{-}37)$$

初期条件となる送電端 $x = 0$，$\dot{V} = \dot{V}_\mathrm{s}$，$\dot{I} = \dot{I}_\mathrm{s}$ を用いて，方程式の係数および を導出する.

また，受電端 $x = l$，$\dot{V} = \dot{V}_\mathrm{r}$，$\dot{I} = \dot{I}_\mathrm{r}$ を用いて式を展開すると，受電端と送電端の関係は式 (5-38) のとおり導かれる.

$$\begin{bmatrix} \dot{V}_\mathrm{r} \\ \dot{I}_\mathrm{r} \end{bmatrix} = \begin{bmatrix} \cosh\dot{\gamma}\ell & -\dot{Z}_0\sinh\dot{\gamma}\ell \\ -\dfrac{1}{\dot{Z}_0}\sinh\dot{\gamma}\ell & \cosh\dot{\gamma}\ell \end{bmatrix} \begin{bmatrix} \dot{V}_\mathrm{s} \\ \dot{I}_\mathrm{s} \end{bmatrix} \qquad (5\text{-}38)$$

$\dot{V}_\mathrm{s}$，$\dot{I}_\mathrm{s}$ を基準に式 (5-38) を変換すると，式 (5-39) となる．これは，式 (5-28) と同様になる．

$$\begin{bmatrix} \dot{V}_\mathrm{s} \\ \dot{I}_\mathrm{s} \end{bmatrix} = \begin{bmatrix} \cosh\dot{\gamma}\ell & \dot{Z}_0\sinh\dot{\gamma}\ell \\ \dfrac{1}{\dot{Z}_0}\sinh\dot{\gamma}\ell & \cosh\dot{\gamma}\ell \end{bmatrix} \begin{bmatrix} \dot{V}_\mathrm{r} \\ \dot{I}_\mathrm{r} \end{bmatrix} \qquad (5\text{-}39)$$

5.5 分布定数回路と集中定数回路間の誤差

長距離送電線路における分布定数回路と，中距離送電線路における四端子定数のパラメータを比較する．単位長さで比較するため，$\ell=1$，$\dot{\gamma}^2=\dot{Z}\dot{Y}$ とする．

式 (5-26) の電圧特性を展開し第3項以降を無視した場合，式 (5-33) が求まる．同様に式 (5-27) の電流特性を展開すると式 (5-34) が導かれる．

このとき，分布定数回路で導出した値と比較して，集中回路である，式 (5-11) で示される T 型等価回路，または式 (5-12) で示される π 型等価回路の値は誤差を有していることがわかる．

$$\cosh\dot{\gamma}\ell = 1 + \frac{(\dot{\gamma}\ell)^2}{2!} + \frac{(\dot{\gamma}\ell)^4}{4!} + \cdots$$

$$\sinh\dot{\gamma}\ell = \dot{\gamma}\ell + \frac{(\dot{\gamma}\ell)^3}{3!} + \frac{(\dot{\gamma}\ell)^5}{5!} + \cdots$$

$$\dot{V}_\mathrm{s} \cong \dot{V}_\mathrm{r}\left\{1 + \frac{\dot{Z}\dot{Y}}{2} + \frac{(\dot{Z}\dot{Y})^2}{24}\right\} + \dot{Z}\dot{I}_\mathrm{r}\left\{1 + \frac{\dot{Z}\dot{Y}}{6} + \frac{(\dot{Z}\dot{Y})^2}{120}\right\} \qquad (5\text{-}40)$$

$$\dot{I}_\mathrm{s} \cong \dot{Y}\dot{V}_\mathrm{r}\left\{1 + \frac{\dot{Z}\dot{Y}}{6} + \frac{(\dot{Z}\dot{Y})^2}{120}\right\} + \dot{I}_\mathrm{r}\left\{1 + \frac{\dot{Z}\dot{Y}}{2} + \frac{(\dot{Z}\dot{Y})^2}{24}\right\} \qquad (5\text{-}41)$$

5.6 フェランチ効果

送電線路において，無負荷または容量性電流（進み位相）の場合には，受電端の電圧が送電端の電圧より上昇する逆転現象が生じる．これをフェランチ効果と呼ぶ．このとき，受電端の電圧が定格電圧を超えないように調整する必要がある．

フェランチ効果と同様に，進み位相の電流が流れると発電機の端子電圧は内部起電力より大きくなることがある。これを発電機の自己励磁現象（self-excitation）と呼ぶ．無負荷あるいは軽負荷の送電線に発電機が接続された場合には注意が必要である．

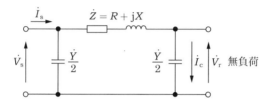

図5-15　無負荷時におけるπ形等価回路

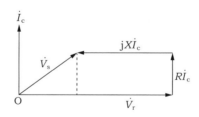

図5-16　フェランチ効果

■ Note

6 安定度

6.1 電力方程式

電圧および電流を電気回路で表現する際，進み位相を正，遅れ位相を負で示してきた．電圧を基準とすると，インダクタンス L に流れる電流は遅れ，静電容量 C に流れる電流は進む．

一方，多く機器では遅れ無効電力を消費することから，電力は遅れ無効電力を正，進み無効電力を負で扱う．

このとき，図6-1に示すように有効電力および無効電力が，第一象限で表現できるよう，電流の共役値 $\bar{I}$ を用いる．

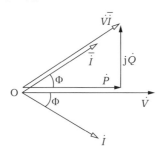

図6-1　ベクトル電力

5章で述べたように，送電線の電圧特性および電流特性は，四端子回路で表現できた．このとき，送電端および受電端の電圧および電流は式 (6-1) の $\dot{V}_\mathrm{s}$，$\dot{I}_\mathrm{s}$，$\dot{V}_\mathrm{r}$，$\dot{I}_\mathrm{r}$ で示された．

$$\left.\begin{array}{l} \dot{V}_\mathrm{s} = \dot{A}\dot{V}_\mathrm{r} + \dot{B}\dot{I}_\mathrm{r} \\[2mm] \dot{I}_\mathrm{s} = \dot{C}\dot{V}_\mathrm{r} + \dot{D}\dot{I}_\mathrm{r} \end{array}\right\} \tag{6-1}$$

式 (6-1) を変形し，送電電力の形で示すと次の関係となる．

$$\dot{I}_r = \frac{\dot{V}_s}{\dot{B}} - \frac{\dot{A}\dot{V}_r}{\dot{B}}$$

$$\dot{I}_s = \dot{C}\dot{V}_r + \dot{D}\left(\frac{\dot{V}_s}{\dot{B}} - \frac{\dot{A}\dot{V}_r}{\dot{B}}\right) = \frac{\dot{D}}{\dot{B}}\dot{V}_s + \frac{\dot{B}\dot{C} - \dot{A}\dot{D}}{\dot{B}}\dot{V}_r$$

四端子定数の関係 $\dot{A} = \dot{D}$ ， $\dot{A}\dot{D} - \dot{B}\dot{C} = 1$ より式（6-2）が導かれる．

$$\dot{I}_s = \frac{\dot{A}}{\dot{B}}\dot{V}_s - \frac{1}{\dot{B}}\dot{V}_r \tag{6-2}$$

送電電力は電流の共役値をとり，式（6-3）で示される．

$$\dot{P}_s + jQ_s = \dot{V}_s\bar{\dot{I}}_s$$

$$= \dot{V}_s\left(\frac{\bar{\dot{A}}}{\bar{\dot{B}}}\right)\bar{\dot{V}}_s - \dot{V}_s\left(\frac{\bar{1}}{\bar{\dot{B}}}\right)\bar{\dot{V}}_r \tag{6-3}$$

ここで， $\dot{V}_s = V_s\angle\delta_s$ ， $\dot{V}_r = V_r\angle\delta_r$ ， $A = A\angle\theta_A$ ， $B = B\angle\theta_B$ とおく．

$$\dot{P}_s + jQ_s = \frac{A}{B}V_s{}^2\angle(\theta_B - \theta_A) - \frac{1}{B}V_sV_r\angle(\delta_S - \delta_r + \theta_B)$$

$$= \frac{A}{B}V_s{}^2\cos(\theta_B - \theta_A) - \frac{1}{B}V_sV_r\cos(\delta_s - \delta_r + \theta_B)$$

$$+ j\left(\frac{A}{B}V_s{}^2\sin(\theta_B - \theta_A) - \frac{1}{B}V_sV_r\sin(\delta_s - \delta_r + \theta_B)\right)$$

実部と虚部より，式（6-4）が得られる．

$$\left.\begin{array}{l}\dot{P}_s = \dfrac{A}{B}V_s{}^2\cos(\theta_B - \theta_A) - \dfrac{1}{B}V_sV_r\cos(\delta_s - \delta_r + \theta_B) \\[3mm] \dot{Q}_s = \dfrac{A}{B}V_s{}^2\sin(\theta_B - \theta_A) - \dfrac{1}{B}V_sV_r\sin(\delta_s - \delta_r + \theta_B)\end{array}\right\} \tag{6-4}$$

送電端と受電端の位相差を， $\delta = \delta_s - \delta_r$ とおくと，式（6-5）が得られる．

$$\left.\begin{array}{l}\dot{P}_s = \dfrac{A}{B}V_s{}^2\cos(\theta_B - \theta_A) - \dfrac{1}{B}V_sV_r\cos(\delta + \theta_B) \\[3mm] \dot{Q}_s = \dfrac{A}{B}V_s{}^2\sin(\theta_B - \theta_A) - \dfrac{1}{B}V_sV_r\sin(\delta + \theta_B)\end{array}\right\} \tag{6-5}$$

6.2 電力円線図

6.1節の電力方程式で導出された式(6-5)を2乗し加算すると，式(6-6)を得る.

$$\left(\dot{P}_\mathrm{s} - \frac{A}{B}V_\mathrm{s}{}^2\cos\left(\theta_\mathrm{B}-\theta_\mathrm{A}\right)\right)^2 = \left(\frac{1}{B}V_\mathrm{s}V_\mathrm{r}\cos\left(\delta+\theta_\mathrm{B}\right)\right)^2$$

$$\left(\dot{Q}_\mathrm{s} - \frac{A}{B}V_\mathrm{s}{}^2\sin\left(\theta_\mathrm{B}-\theta_\mathrm{A}\right)\right)^2 = \left(\frac{1}{B}V_\mathrm{s}V_\mathrm{r}\sin\left(\delta+\theta_\mathrm{B}\right)\right)^2$$

$$\left(P_\mathrm{s} - \frac{A}{B}V_\mathrm{s}{}^2\cos\left(\theta_\mathrm{B}-\theta_\mathrm{A}\right)\right)^2 + \left(Q_\mathrm{s} - \frac{A}{B}V_\mathrm{s}{}^2\sin\left(\theta_\mathrm{B}-\theta_\mathrm{A}\right)\right)^2 = \left(\frac{1}{B}V_\mathrm{s}V_\mathrm{r}\right)^2$$

$$(6\text{-}6)$$

これは，円の方程式となり，有効電力と無効電力を円の形で表現できる．これを電力円線図(power circle diagram)という.

ここで，図6-2に示すように，インピーダンス $\dot{Z} = R + \mathrm{j}X$ として簡略化する．また，線路の抵抗 R はリアクタンス X に比べて無視できるものとする.

$$\dot{V}_\mathrm{s} = \dot{V}_\mathrm{r} + \left(R + \mathrm{j}X\right)\dot{I} \cong \dot{V}_\mathrm{r} + \mathrm{j}X\dot{I}$$

$$\dot{I} \cong \frac{\dot{V}_\mathrm{s} - \dot{V}_\mathrm{r}}{\mathrm{j}X}$$

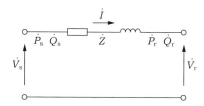

図6-2　送電線の簡易等価回路

送電端においては $\dot{P}_\mathrm{s}$，$\dot{Q}_\mathrm{s}$ は式(6-7)および式(6-8)で示される.

$$\dot{P}_\mathrm{s} + \mathrm{j}\dot{Q}_\mathrm{s} = \dot{V}_\mathrm{s}\overline{\dot{I}} = \dot{V}_\mathrm{s}\frac{\overline{\dot{V}_\mathrm{s}} - \overline{\dot{V}_\mathrm{r}}}{-\mathrm{j}X} = \frac{\dot{V}_\mathrm{s}{}^2 - \dot{V}_\mathrm{s}\overline{\dot{V}_\mathrm{r}}}{-\mathrm{j}X}$$

$$= \frac{V_\mathrm{s}{}^2 - V_\mathrm{s}V_\mathrm{r}\mathrm{e}^{\mathrm{j}\delta}}{-\mathrm{j}X} = \frac{V_\mathrm{s}{}^2 - V_\mathrm{s}V_\mathrm{r}\cos\delta - \mathrm{j}V_\mathrm{s}V_\mathrm{r}\sin\delta}{-\mathrm{j}X}$$

$$\dot{P}_s = \frac{V_s V_r \sin\delta}{X} \tag{6-7}$$

$$\dot{Q}_s = \frac{V_s^2 - V_s V_r \cos\delta}{X} \tag{6-8}$$

ここで，両式を2乗して加えると式（6-9）が得られ，図6-3の送電電力円線図が描かれる．

$$P_s^2 + \left(Q_s - \frac{V_s^2}{X}\right)^2 = \frac{V_s^2 V_r^2}{X^2} \tag{6-9}$$

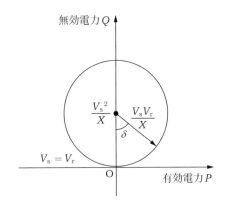

図6-3　送電電力円線図

次に，受電端電力を計算する．送電端と同様に式（6-10）が導かれ，図6-4の受電電力円線図が描かれる．

$$\dot{P}_r + jQ_r = \dot{V}_r \overline{\dot{I}} = \dot{V}_r \frac{\overline{V}_s - \overline{V}_r}{-jX} = \frac{\overline{V}_s \dot{V}_r - \dot{V}_r^2}{-jX}$$

$$= \frac{V_s V_r \cos\delta - jV_s V_r \sin\delta - V_r^2}{-jX}$$

$$\dot{P}_r = \frac{V_s V_r \sin\delta}{X}$$

$$\dot{Q}_r = \frac{V_s V_r \cos\delta - V_r{}^2}{X}$$

$$P_r{}^2 + \left(Q_r + \frac{V_r{}^2}{X}\right) = \frac{V_s{}^2 V_r{}^2}{X^2} \tag{6-10}$$

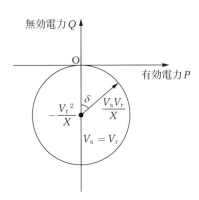

図6-4 受電電力円線図

　簡略化して線路抵抗を無視した場合には，$V_s = V_r$において送電電力円線図と受電電力円線図はP軸に関して対称となる（実際の運用においては大きさが異なる）．

　任意のδとすると，図6-5に示すように，$s(P_s,\ Q_s)$，$r(P_r,\ Q_r)$で各電力を表現することができる．

　このとき，$P_s = P_r$であることから，送電端から受電端にすべての有効電力が伝送される．一方，無効電力の軸上には，$\Delta Q(Q_s - Q_r)$が発生する．そのため，無効電力の差分ΔQは送電端から供給する必要がある．なお，ΔQは線路のリアクタンスなどで消費される．

　また，$\delta = \dfrac{\pi}{2}$でP_rは最大値となる．このときのP_rを，極限電力という．

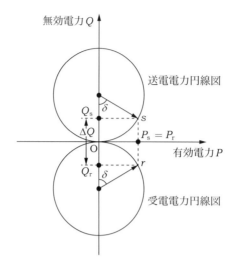

図6-5　電力円線図

6.3　安定度（Stability）

　電力系統において，電力の供給が過大になった場合や，負荷が急変した場合には，送電線に接続された同期発電機の同期が保たれなくなり不安定となる．状態が進行すると同期はずれを引き起こす．これを脱調という．そのため，運転時を継続し電力供給が維持可能な指標として，安定度を評価する必要がある．

⑴　定態安定度

　図6-6に示す，一機無限大母線における送電特性を評価する．無限大母線とは，電圧および位相が一定となる仮想的な母線である．

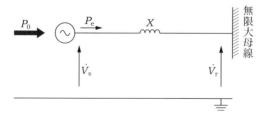

図6-6　一機無限大母線

発電機の端子電圧を$\dot{V}_\mathrm{s}$，リアクタンスXを介して無限大母線側の電圧を$\dot{V}_\mathrm{r}$とおく．そのときの有効電力$\dot{P}_\mathrm{s}$は電力円線図と同様に導出され式（6-11）で示される．

$$\dot{P}_\mathrm{s} = \frac{V_\mathrm{s}V_\mathrm{r}}{X}\sin\delta \qquad (6\text{-}11)$$

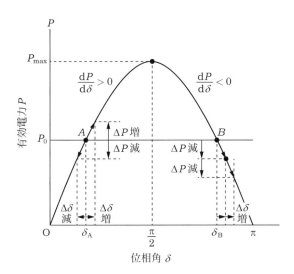

図6-7　電力−位相角曲線

ここで，有効電力$\dot{P}_\mathrm{s}$と位相角δで曲線を描くと，図6-7に示す電力−位相角曲線が得られる．

図6-7において，供給電力P_0を満たす位相角δの運転点は，δ_A（点A）またはδ_B（点B）の2つとなる．また，曲線は位相角90度で極値を示している．

まず，点Aに着目する．発電機の位相角$\Delta\delta$が増加すると発電機出力も増加する．出力が増加したため発電機が減速し点Aに戻る方向に作用する．また，$\Delta\delta$が減少すると出力が低下し，発電機はその分加速することで点Aに戻る．すなわち，式（6-12）が満たされた条件で安定する．

$$\frac{\mathrm{d}P}{\mathrm{d}\delta} > 0 \qquad (6\text{-}12)$$

一方，同出力の点Bで発電機の位相角$\Delta\delta$が増加すると，発電機出力はΔP低

113

下する．そのため，発電機はさらに加速し位相角 δ が増加する．点Bから外れる方向に作用し，発電機の加速が止まらず同期がとれなくなる．したがって，式 (6-13) の条件では不安定となる．

$$\frac{\mathrm{d}P}{\mathrm{d}\delta} < 0 \tag{6-13}$$

　相差角 $\theta = 90°$ で送電電力は最大となるが，安定度は限界値となる．これを定態安定極限電力という．

　なお，実際の電力系統で90°近傍で運転することはできなく，通常 $\delta < 30°$ の範囲で運転される．そのため，平常時の電力系統の有効電力は限界値の半分以下となる．

⑵　過渡安定度

　電力系統において負荷の急変や落雷などによる事故が発生すると，送電側と受電側の平衡状態が保たれなくなる．

　発電機は平衡状態を保つよう，加速または減速して新たな運転点に移動する．このとき，発電機に慣性があるため，新しい運転点付近で平衡状態になるまで相差角が変動する．

　なお，発電機の回転体の運動方程式は，式 (6-14) となり2階微分方程式で示される振動波形となる．

　これは電力揺動方程式といわれる．

$$\frac{M}{\omega}\frac{\mathrm{d}^2\delta}{\mathrm{d}t^2} + D\frac{\mathrm{d}\delta}{\mathrm{d}t} = P_\mathrm{m} - P_\mathrm{e} \tag{6-14}$$

　ここで，方程式のパラメータは次のとおり示される．

M：発電機の慣性モーメント

ω：定格角速度

δ：位相角

D：発電機の制動定数

P_m：発電機への機械的入力

P_e：発電機の電気的出力

　過渡安定度を理解するため，図6-8に示す2回線系統で無限大母線に送電しているとき，1回線が遮断された場合の平衡状態について説明する.

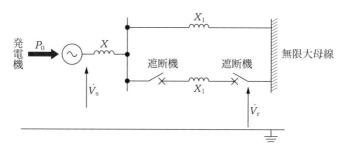

図6-8　2回線送電

　遮断前の供給電力をP_0，遮断後の供給電力をP_1とすると電力－位相角曲線は図6-9となる.

　遮断前の運転点aにおける位相角はδ_0であることから，遮断直後に点bに移動する. 出力を賄うため位相角が大きくなり，運転点は点c（位相角δ_1）に移動する. 慣性のため適切な運転点に移動しても，すぐに運転点が定まらず点bから点dの間で振動する.

　このとき，図6-10(a)に示すように，加速エネルギーは面積A_1（a-b-c），減速エネルギーは面積A_2（c-d-e）に比例する. 発電機が安定して運転するためには，$A_1 = A_2$の条件が必要となる.

　一方，図6-10(b)に示すように，加速エネルギーB_1が減速エネルギーB_2を上回る条件では，発電機の運転点が90°より大きくなる方向に移動するため，安定した運転が次第にできなくなり脱調に繋がる.

　これらは，電力－位相角曲線における面積でエネルギーを表現するため等面積法という.

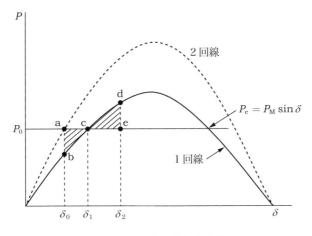

図6-9　電力－位相角曲線

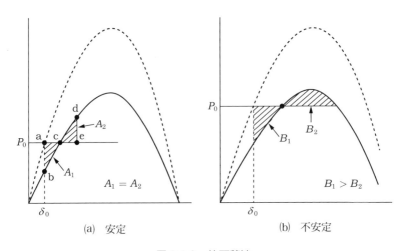

図6-10　等面積法

⑶　電圧安定度

　受電端における有効電力と無効電力の関係は，式 (6-15) および式 (6-16) で表すことができる.

$$\dot{P_\mathrm{r}} = \frac{V_\mathrm{s}V_\mathrm{r}\sin\delta}{X} \tag{6-15}$$

$$\dot{Q_\mathrm{r}} = \frac{V_\mathrm{s}V_\mathrm{r}\cos\delta - V_\mathrm{r}^{2}}{X} \tag{6-16}$$

式（6-14）を変形し両辺を2乗し加算すると，式（6-15）が導かれる．

$$V_\mathrm{s}V_\mathrm{r}\sin\delta = X\dot{P_\mathrm{r}}$$

$$V_\mathrm{s}V_\mathrm{r}\cos\delta = X\dot{Q_\mathrm{r}} + V_\mathrm{r}^{2}$$

$$(V_\mathrm{s}V_\mathrm{r})^{2}(\sin^{2}\delta + \cos^{2}\delta) = X^{2}(P_\mathrm{r}^{2} + Q_\mathrm{r}^{2}) + 2XQ_\mathrm{r}V_\mathrm{r}^{2} + V_\mathrm{r}^{4}$$

$$V_\mathrm{r}^{4} + (2XQ_\mathrm{r} - V_\mathrm{s}^{2})V_\mathrm{r}^{2} + X^{2}(P_\mathrm{r}^{2} + Q_\mathrm{r}^{2}) = 0$$

$$V_\mathrm{r}^{2} = \frac{V_\mathrm{s}^{2} - 2XQ_\mathrm{r}}{2} \pm \sqrt{\left(\frac{V_\mathrm{s}^{2} - 2XQ_\mathrm{r}}{2} - X^{2}(P_\mathrm{r}^{2} + Q_\mathrm{r}^{2})\right)} \tag{6-17}$$

式（6-17）において，送電端電圧 V_s と無効電力 Q_r を一定すると，受電端電圧 V_r と有効電力 P_r の関係は図6-11に示すP-V曲線を描く．鼻の形をしているのでノーズカーブともいわれる．

同一電力を供給する運転点は二つ存在するが，点Aにおいては，有効電力が増加すると端子電圧が低くなり，電力消費を減少させることから，元の運転点に戻る方向に作用する．

一方，点Bにおいては，有効電力が増加すると端子電圧も高くなり電力消費がさらに発生する．そのため，電圧が不安定となり安定限界に至る．ここで点Aを高め解，点Bを低め解と呼び，運転点が高め解となるように調整する．安定判別条件は式（6-18）となる．

$$\frac{\mathrm{d}V}{\mathrm{d}P} < 0 \tag{6-18}$$

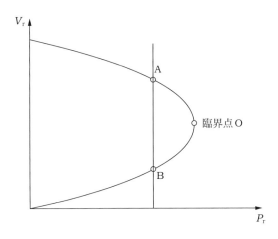

図6-11　P-V曲線

6.4　負荷変動

　電力系統における需給バランスによって周波数は安定する．需要が供給に比べ大きいと周波数が低下する．一方，供給が大きくなると周波数は上昇する．

　需要に伴う負荷変動は一定ではなく常に変化している．そのため周波数も常時変動する．周波数変動をある一定値に抑え，変動幅を小さくすることが重要となる．

　図6-12に示すように，変動周期成分を分解すると，サステンド分（長周期），フリンジ分（短周期），サイクリック分（小幅変動）に分類される．変動の大きさと周期で周波数制御（LFC：Load Frequency control）方法が異なる．

　十数分以上の変動周期成分であるサステンド分は，一般に火力LFCで吸収する．また，大きな変動は日負荷変動から予測できるため経済性を考慮した発電機の出力配分により調整される．これを，経済負荷配分制御（EDC：Economic dispatching control）という．

　数〜十数分の変動周期成分をフリンジ分は，応答速度の速い水力LFCで吸収する．基準となる周波数から変動幅が小さくなるよう発電機の出力調整を行う．数分以下のサイクリック分は，発電機のガバナフリー運転や周波数変動に対する負荷特性で吸収する．

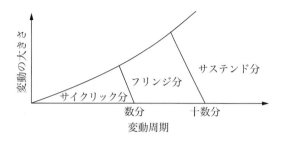

図6-12 変動周期成分

■ Note

7 故障計算

7.1　不平衡（非対称）三相交流

　送配電で用いている三相交流は，振幅が等しく位相差が$2\pi/3$として示される．これを平衡（対称）三相交流という．

　この場合，図7-1に示すようにベクトルオペレータaを用いることで，a相を基準とし，b相，c相については表記を簡略化できる．

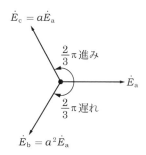

図7-1　三相交流とベクトルオペレータ

　一方，平衡三相交流が用いられている負荷系統において，各相のインピーダンスが一様でない場合や，系統で事故等が発生した場合には，負荷が平衡しないため回路計算が困難となる．この場合，電圧及び電流は対称ではなく不平衡（非対称）三相交流となる．

　そのため，送配電工学においては，不平衡状態における三相回路を扱う必要がある．このとき，a相，b相，c相における，それぞれの電圧および電流特性を考慮するため回路計算が複雑化する．

　そこで，不平衡電圧や不平衡電流の成分を対称成分に分解して計算を簡易化する方法が用いられる．これを対称座標法という．

　図7-2のような任意の不平衡電圧は，各相における電圧または電流成分を図7-3に示す，2つの対称成分と1つの単相成分に分解できる．

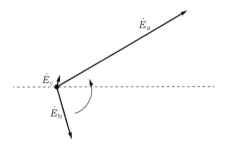

図7-2　不平衡三相交流

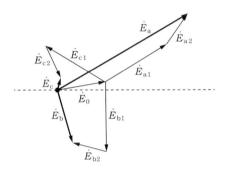

図7-3　ベクトルの合成

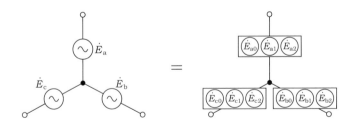

図7-4　不平衡三相回路の電圧成分

　　ここで，不平衡三相回路の成分を，図7-4のように表現する．つまり，a相電圧は式（7-1）に分解される．

$$\dot{E}_{\mathrm{a}} = \dot{E}_{\mathrm{a}0} + \dot{E}_{\mathrm{a}1} + \dot{E}_{\mathrm{a}2} \tag{7-1}$$

　各ベクトル成分は，図7-5～図7-8に示すベクトルとなる．平衡電圧の相順を基準とし，平衡電圧と同じ相順のベクトルを正相分（正弦波が正となる回転方向成分：a → b → cの順），逆の相順を逆相分（正弦波が負となる回転方向成分：a → c → b），すべてに同じ位相差で存在する成分を零相分（基準から，ある位相を有する単相成分）と定義する．

　したがって，不平衡状態においても正相分と逆相分は，それぞれの成分別でみると対称であり平衡状態を保っていることから，これらの瞬時値は0とみなせる．そのため，不平衡状態では主に零相成分の電圧または電流を考慮する必要がある．

　図7-5に正相分の各ベクトルを示す．$\dot{E}_{\mathrm{a}1}$を基準とし，ベクトルオペレータを用いると，式（7-2）で表すことができる．基準となる電圧を$\dot{E}_{\mathrm{a}1} = \dot{E}_{1}$とおくと，式（7-3）のように簡略化できる．

$$\dot{E}_{\mathrm{a}1} = \dot{E}_{\mathrm{a}1} \quad \dot{E}_{\mathrm{b}1} = a^{2}\dot{E}_{\mathrm{a}1} \quad \dot{E}_{\mathrm{c}1} = a\dot{E}_{\mathrm{a}1} \tag{7-2}$$

$$\dot{E}_{\mathrm{a}1} = \dot{E}_{1} \quad \dot{E}_{\mathrm{b}1} = a^{2}\dot{E}_{1} \quad \dot{E}_{\mathrm{c}1} = a\dot{E}_{1} \tag{7-3}$$

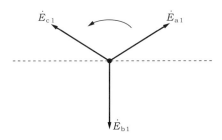

図7-5　正相分

　同様に図7-6に示す逆相分は，$\dot{E}_{\mathrm{a}2}$を基準とし，ベクトルオペレータを用いると式（7-4），図7-7に示す零相分は，すべて同じ大きさで同位相であることから式（7-5）となる．

$$\dot{E}_{a2} = \dot{E}_2 \quad \dot{E}_{b2} = a\dot{E}_2 \quad \dot{E}_{c2} = a^2\dot{E}_2 \tag{7-4}$$

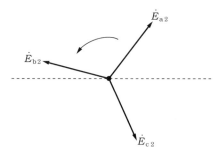

図7-6　逆相分

$$\dot{E}_{a0} = \dot{E}_0 \quad \dot{E}_{b0} = \dot{E}_0 \quad \dot{E}_{c0} = \dot{E}_0 \tag{7-5}$$

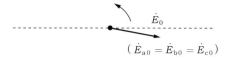

図7-7　零相分

b相およびc相の電圧も同様に，式（7-6）および式（7-7）で表すことができる．

$$\dot{E}_a = \dot{E}_0 + \dot{E}_1 + \dot{E}_2$$

$$\dot{E}_b = \dot{E}_{b0} + \dot{E}_{b1} + \dot{E}_{b2} = \dot{E}_0 + a^2\dot{E}_1 + a\dot{E}_2 \tag{7-6}$$

$$\dot{E}_c = \dot{E}_{c0} + \dot{E}_{c1} + \dot{E}_{c2} = \dot{E}_0 + a\dot{E}_1 + a^2\dot{E}_2 \tag{7-7}$$

これらは，行列式を用いると，式（7-8）のように示される．

$$\left.\begin{array}{c}
\begin{bmatrix} \dot{E}_a \\ \dot{E}_b \\ \dot{E}_c \end{bmatrix} = \begin{bmatrix} 1 & 1 & 1 \\ 1 & a^2 & a \\ 1 & a & a^2 \end{bmatrix} \begin{bmatrix} \dot{E}_0 \\ \dot{E}_1 \\ \dot{E}_2 \end{bmatrix} \\[2em]
\begin{bmatrix} \dot{E}_0 \\ \dot{E}_1 \\ \dot{E}_2 \end{bmatrix} = \frac{1}{3} \begin{bmatrix} 1 & 1 & 1 \\ 1 & a & a^2 \\ 1 & a^2 & a \end{bmatrix} \begin{bmatrix} \dot{E}_a \\ \dot{E}_b \\ \dot{E}_c \end{bmatrix}
\end{array}\right\} \tag{7-8}$$

正常の状態で三相交流がほぼ平衡しているときは，逆相分や零相分は発生しない．しかしながら，電力系統の事故時などにこれらの成分が現れる．そのとき，各成分の等価回路は図7-8〜図7-10となる．

また，正相分に対する逆相分の割合を不平衡率といい，式（7-9）で示される．

$$不平衡率 = \frac{逆相分}{正相分} \tag{7-9}$$

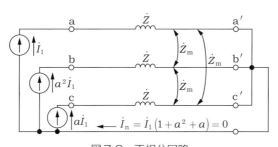

図7-8　正相分回路

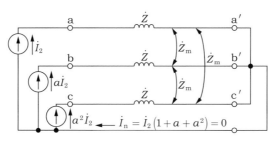

図7-9　逆相分回路

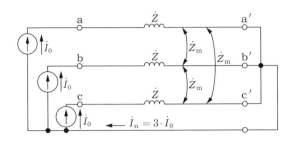

図7-10 零相分回路

このように対称座標法を用いると，不平衡状態であっても対称成分を合成できることから計算が容易になる.

7.2 中性点接地方式

一般的に送電線では，線間電圧を高めるためY結線が用いられており，中性点が存在する．図7-11に示すように，中性点が接地されていると，電力系統で事故が生じ不平衡状態になった場合，中性点と大地を帰路とした回路が形成され地絡電流が流れる.

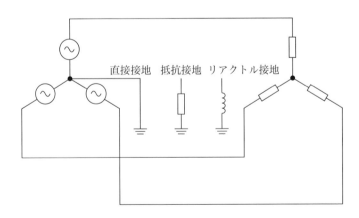

図7-11 中性点接地方式

　中性点接地におけるインピーダンスが小さいと地絡電流は大きくなる．この場合，地絡電流を検知しやすくなることや，中性点における電位上昇が小さいため，健全相の電圧上昇を抑制できる．これは，送電線の絶縁設計レベルを低減できる利点となる．したがって，厳しい絶縁性能が要求される電圧階級が高い送電線では，通常接地インピーダンスを小さくする．一方，地絡電流は大きくなるため，遮断器等の性能が要求される．また，帰路電流が大きい場合には，通信線などに電磁誘導障害が発生することもある．

　中性点が非接地またはインピーダンスが大きいと地絡電流を抑制できる．送配電線において，比較的電圧階級が低い場合，高抵抗で接地することで地絡電流を抑制し，近接する通信線などの通信障害を低減している．しかしながら，基準となる対地電圧から中性点の間で電位は上昇する．

　これらのことから，中性点接地方式は送配電の電圧階級を考慮して行われる．

(1)　直接接地方式（Solidly grounded system）

　主に，187 kV以上の超高圧系統に採用されている．地絡電流は大きいが健全相の電圧上昇は小さい．健全相の電圧は中性点が大地電位に維持されているので故障前の電圧とほとんど変わらない．このことから絶縁レベルを低減できる．また，保護リレーの動作を確実にする利点がある．

(2)　抵抗接地方式（Resistance grounded system）

　主に，154 kV以下の送電系統に採用されている．健全相の電位上昇が生じるが，地絡電流を抑えることができる．接地抵抗の大きさは154 kVで $400 \sim 900$ Ω，$66 \sim 77$ kVで $100 \sim 400$ Ω 程度になる．

　中性点抵抗により地絡電流を抑制することで，通信線への誘導電圧を抑えている．しかしながら，地絡電流が小さいので保護リレーの電流検出が難しくなる．

(3)　消弧リアクトル接地方式（Arc suppression reactor grounded system）

　商用周波数の周波数が決まっているため，送電線の対地静電容量と並列共振するリアクトルで接地する方式である．

　この場合，並列共振回路により地絡電流を小さくすることができる．消弧リアクタンスの値は，式（7-10）となる．

$$L = \frac{1}{3\omega^2 C} \tag{7-10}$$

このとき，零相インピーダンスが共振して大きくなるため，故障電流が抑制される．長距離の電線では静電容量が大きくなるため効果的である．しかしながら，リアクトルのコストが高いことや，容量を調整する必要があるため，近年ではあまり用いられていない．

(4)　非接地方式（Ungrounded system）

電圧階級の低い66 kV送電系統や配電系統に適用される．地絡電流は対地静電容量を流れる充電電流となることから，地絡の検出が難しくなる．

7.3　発電機の基本式

三相交流発電機のモデルを，図7-12に示す．起電力を各相に対応し$\dot{E}_a$，$\dot{E}_b$，$\dot{E}_c$とすると，相電流は$\dot{I}_a$，$\dot{I}_b$，$\dot{I}_c$となる．ここで，各相の端子電圧を$\dot{V}_a$，$\dot{V}_b$，$\dot{V}_c$とおく（通常，起電力はE，任意の箇所の電圧はVで示す）．

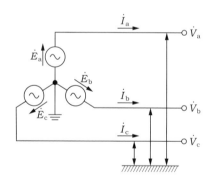

図7-12　発電機モデル

次に，三相交流発電機の起電力を求める．発電機端子電圧の各成分をE_0，E_1，E_2とすると，式（7-11）が成り立つ．

$$\left.\begin{array}{l} \dot{V}_0 = \dot{E}_0 - \dot{Z}_0 \dot{I}_0 \\ \dot{V}_1 = \dot{E}_1 - \dot{Z}_1 \dot{I}_1 \\ \dot{V}_2 = \dot{E}_2 - \dot{Z}_2 \dot{I}_2 \end{array}\right\} \qquad (7\text{-}11)$$

一方，発電機の起電力は，平衡電圧であり対称となることから，$\dot{E}_0$，$\dot{E}_1$，$\dot{E}_2$ は，式（7-12）となる．

$$\left.\begin{array}{l} \dot{E}_0 = \frac{1}{3}\left(\dot{E}_a + \dot{E}_b + \dot{E}_c\right) = \frac{1}{3}\left(\dot{E}_a + a^2\dot{E}_a + a\dot{E}_a\right) = 0 \\ \dot{E}_1 = \frac{1}{3}\left(\dot{E}_a + a\dot{E}_b + a^2\dot{E}_c\right) = \frac{1}{3}\left(\dot{E}_a + a\times a^2\dot{E}_a + a^2\times a\dot{E}_a\right) = \dot{E}_a \\ \dot{E}_2 = \frac{1}{3}\left(\dot{E}_a + a^2\dot{E}_b + a\dot{E}_c\right) = \frac{1}{3}\left(\dot{E}_a + a^2\times a^2\dot{E}_a + a\times a\dot{E}_a\right) = 0 \end{array}\right\} (7\text{-}12)$$

ここで，発電機の起電力を $\dot{E}_a$ とすると，端子電圧の成分は，式（7-13）で示される．

$$\left.\begin{array}{l} \dot{V}_0 = \quad -\dot{Z}_0 \dot{I}_0 \\ \dot{V}_1 = \dot{E}_a - \dot{Z}_1 \dot{I}_1 \\ \dot{V}_2 = \quad -\dot{Z}_2 \dot{I}_2 \end{array}\right\} \qquad (7\text{-}13)$$

つまり，発電機の起電力は正相分のみ出力される．

このとき，式（7-13）を発電機の基本式といい，三相交流の故障計算時に重要となる．

7.4 負荷インピーダンス

三相交流回路を負荷側から見ると，図7-13に示すように，それぞれの負荷 $\dot{Z}_a$，$\dot{Z}_b$，$\dot{Z}_c$ の端子電圧は，$\dot{V}_a$，$\dot{V}_b$，$\dot{V}_c$ であり，電流は $\dot{I}_a$，$\dot{I}_b$，$\dot{I}_c$（電源側から計算した場合と比較して，電流は逆向きになる）となる．

ここで，正相インピーダンス $\dot{Z}_1$，逆相インピーダンス $\dot{Z}_2$，零相インピーダンス $\dot{Z}_0$ と定義すると，各相の電圧・電流と負荷の関係は，式（7-14）となる．

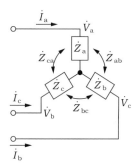

図7-13　三相不平衡の負荷モデル

$$\begin{bmatrix} \dot{V}_a \\ \dot{V}_b \\ \dot{V}_c \end{bmatrix} = \begin{bmatrix} \dot{Z}_a & \dot{Z}_{ab} & \dot{Z}_{ca} \\ \dot{Z}_{ab} & \dot{Z}_b & \dot{Z}_{bc} \\ \dot{Z}_{ca} & \dot{Z}_{be} & \dot{Z}_c \end{bmatrix} \begin{bmatrix} \dot{I}_a \\ \dot{I}_b \\ \dot{I}_c \end{bmatrix} \qquad (7\text{-}14)$$

　端子電圧および電流を正相，逆相，零相に分解すると，式（7-15），式（7-16）で表すことができる．

$$\begin{bmatrix} \dot{V}_a \\ \dot{V}_b \\ \dot{V}_c \end{bmatrix} = \begin{bmatrix} 1 & 1 & 1 \\ 1 & a^2 & a \\ 1 & a & a^2 \end{bmatrix} \begin{bmatrix} \dot{V}_0 \\ \dot{V}_1 \\ \dot{V}_2 \end{bmatrix}$$

$$\begin{bmatrix} \dot{V}_0 \\ \dot{V}_1 \\ \dot{V}_2 \end{bmatrix} = \frac{1}{3} \begin{bmatrix} 1 & 1 & 1 \\ 1 & a & a^2 \\ 1 & a^2 & a \end{bmatrix} \begin{bmatrix} \dot{V}_a \\ \dot{V}_b \\ \dot{V}_c \end{bmatrix} \qquad (7\text{-}15)$$

$$\begin{bmatrix} \dot{I}_a \\ \dot{I}_b \\ \dot{I}_c \end{bmatrix} = \begin{bmatrix} 1 & 1 & 1 \\ 1 & a^2 & a \\ 1 & a & a^2 \end{bmatrix} \begin{bmatrix} \dot{I}_0 \\ \dot{I}_1 \\ \dot{I}_2 \end{bmatrix}$$

$$\begin{bmatrix} \dot{I}_0 \\ \dot{I}_1 \\ \dot{I}_2 \end{bmatrix} = \frac{1}{3} \begin{bmatrix} 1 & 1 & 1 \\ 1 & a & a^2 \\ 1 & a^2 & a \end{bmatrix} \begin{bmatrix} \dot{I}_a \\ \dot{I}_b \\ \dot{I}_c \end{bmatrix} \qquad (7\text{-}16)$$

ここで，式 (7-15) に式 (7-14) を代入し展開すると式 (7-17) となる.

$$
\begin{bmatrix} \dot{V}_0 \\ \dot{V}_1 \\ \dot{V}_2 \end{bmatrix} = \frac{1}{3} \begin{bmatrix} 1 & 1 & 1 \\ 1 & a & a^2 \\ 1 & a^2 & a \end{bmatrix} \begin{bmatrix} \dot{Z}_a & \dot{Z}_{ab} & \dot{Z}_{ca} \\ \dot{Z}_{ab} & \dot{Z}_b & \dot{Z}_{bc} \\ \dot{Z}_{ca} & \dot{Z}_{bc} & \dot{Z}_c \end{bmatrix} \begin{bmatrix} \dot{I}_a \\ \dot{I}_b \\ \dot{I}_c \end{bmatrix}
$$

$$
= \frac{1}{3} \begin{bmatrix} 1 & 1 & 1 \\ 1 & a & a^2 \\ 1 & a^2 & a \end{bmatrix} \begin{bmatrix} \dot{Z}_a & \dot{Z}_{ab} & \dot{Z}_{ca} \\ \dot{Z}_{ab} & \dot{Z}_b & \dot{Z}_{bc} \\ \dot{Z}_{ca} & \dot{Z}_{bc} & \dot{Z}_c \end{bmatrix} \begin{bmatrix} 1 & 1 & 1 \\ 1 & a^2 & a \\ 1 & a & a^2 \end{bmatrix} \begin{bmatrix} \dot{I}_0 \\ \dot{I}_1 \\ \dot{I}_2 \end{bmatrix}
$$

$$
= \frac{1}{3} \begin{bmatrix} 1 & 1 & 1 \\ 1 & a & a^2 \\ 1 & a^2 & a \end{bmatrix} \begin{bmatrix} \dot{Z}_a + \dot{Z}_{ab} + \dot{Z}_{ca} & \dot{Z}_a + a^2\dot{Z}_{ab} + a\dot{Z}_{ca} & \dot{Z}_a + a\dot{Z}_{ab} + a^2\dot{Z}_{ca} \\ \dot{Z}_{ab} + \dot{Z}_b + \dot{Z}_{bc} & \dot{Z}_{ab} + a^2\dot{Z}_b + a\dot{Z}_{bc} & \dot{Z}_{ab} + a\dot{Z}_b + a^2\dot{Z}_{bc} \\ \dot{Z}_{ca} + \dot{Z}_{bc} + \dot{Z}_c & \dot{Z}_{ca} + a^2\dot{Z}_{bc} + a\dot{Z}_c & \dot{Z}_{ca} + a\dot{Z}_{bc} + a^2\dot{Z}_c \end{bmatrix} \begin{bmatrix} \dot{I}_0 \\ \dot{I}_1 \\ \dot{I}_2 \end{bmatrix}
$$

$$
= \frac{1}{3} \begin{bmatrix} \left(\dot{Z}_a + \dot{Z}_b + \dot{Z}_c\right) + 2\left(\dot{Z}_{ab} + \dot{Z}_{bc} + \dot{Z}_{ca}\right) & \left(\dot{Z}_a + a^2\dot{Z}_b + a\dot{Z}_c\right) - \left(a\dot{Z}_{ab} + \dot{Z}_{bc} + a^2\dot{Z}_{ca}\right) \\ \left(\dot{Z}_a + a\dot{Z}_b + a^2\dot{Z}_c\right) - \left(a^2\dot{Z}_{ab} + \dot{Z}_{bc} + a\dot{Z}_{ca}\right) & \left(\dot{Z}_a + \dot{Z}_b + \dot{Z}_c\right) - \left(\dot{Z}_{ab} + \dot{Z}_{bc} + \dot{Z}_{ca}\right) \\ \left(\dot{Z}_a + a^2\dot{Z}_b + a\dot{Z}_c\right) - \left(a\dot{Z}_{ab} + \dot{Z}_{bc} + a^2\dot{Z}_{ca}\right) & \left(\dot{Z}_a + a\dot{Z}_b + a^2\dot{Z}_c\right) + 2\left(a^2\dot{Z}_{ab} + \dot{Z}_{bc} + a\dot{Z}_{ca}\right) \end{bmatrix}
$$

$$
\begin{matrix} \left(\dot{Z}_a + a\dot{Z}_b + a^2\dot{Z}_c\right) - \left(a^2\dot{Z}_{ab} + \dot{Z}_{bc} + a\dot{Z}_{ca}\right) \\ \left(\dot{Z}_a + a^2\dot{Z}_b + a\dot{Z}_c\right) + 2\left(a\dot{Z}_{ab} + \dot{Z}_{bc} + a^2\dot{Z}_{ca}\right) \\ \left(\dot{Z}_a + \dot{Z}_b + \dot{Z}_c\right) - \left(\dot{Z}_{ab} + \dot{Z}_{bc} + \dot{Z}_{ca}\right) \end{matrix} \begin{bmatrix} \dot{I}_0 \\ \dot{I}_1 \\ \dot{I}_2 \end{bmatrix} \tag{7-17}
$$

$$
\left.\begin{array}{ll} \dot{Z}_{0'} = \dfrac{1}{3}\left(\dot{Z}_a + \dot{Z}_b + \dot{Z}_c\right) & \dot{Z}_{m0} = \dfrac{1}{3}\left(\dot{Z}_{ab} + \dot{Z}_{bc} + \dot{Z}_{ca}\right) \\[2mm] \dot{Z}_{1'} = \dfrac{1}{3}\left(\dot{Z}_a + a\dot{Z}_b + a^2\dot{Z}_c\right) & \dot{Z}_{m1} = \dfrac{1}{3}\left(a^2\dot{Z}_{ab} + \dot{Z}_{bc} + a\dot{Z}_{ca}\right) \\[2mm] \dot{Z}_{2'} = \dfrac{1}{3}\left(\dot{Z}_a + a^2\dot{Z}_b + a\dot{Z}_c\right) & \dot{Z}_{m2} = \dfrac{1}{3}\left(a\dot{Z}_{ab} + \dot{Z}_{bc} + a^2\dot{Z}_{ca}\right) \end{array}\right\} \tag{7-18}
$$

$$
\begin{bmatrix} \dot{V}_0 \\ \dot{V}_1 \\ \dot{V}_2 \end{bmatrix} = \begin{bmatrix} \dot{Z}_{0'} + 2\dot{Z}_{m0} & \dot{Z}_{2'} - \dot{Z}_{m2} & \dot{Z}_{1'} - \dot{Z}_{m1} \\ \dot{Z}_{1'} - \dot{Z}_{m1} & \dot{Z}_{0'} - \dot{Z}_{m0} & \dot{Z}_{2'} + 2\dot{Z}_{m2} \\ \dot{Z}_{2'} - \dot{Z}_{m2} & \dot{Z}_{1'} + 2\dot{Z}_{m1} & \dot{Z}_{0'} - \dot{Z}_{m0} \end{bmatrix} \begin{bmatrix} \dot{I}_0 \\ \dot{I}_1 \\ \dot{I}_2 \end{bmatrix} \tag{7-19}
$$

各インピーダンスを式 (7-18) でおくと，式 (7-19) を得る. 式 (7-19) は不平衡負荷の場合に適用される.

一方，各相のインピーダンスを式(7-20)，相互インピーダンスを式(7-21)とすると，式(7-22)となる．この場合，負荷側から見た各成分電圧と成分電流は式(7-23)となる．

$$\dot{Z}_a = \dot{Z}_b = \dot{Z}_c = \dot{Z} \tag{7-20}$$

$$\dot{Z}_{ab} = \dot{Z}_{bc} = \dot{Z}_{ca} = \dot{Z}_m \tag{7-21}$$

$$\left.\begin{array}{ll}
\dot{Z}_{0'} = \dfrac{1}{3}\left(\dot{Z}+\dot{Z}+\dot{Z}\right) = \dot{Z} & \dot{Z}_{m0} = \dfrac{1}{3}\left(\dot{Z}_m+\dot{Z}_m+\dot{Z}_m\right) = \dot{Z}_m \\[2ex]
\dot{Z}_{1'} = \dfrac{1}{3}\left(\dot{Z}+a\dot{Z}+a^2\dot{Z}\right) = 0 & \dot{Z}_{m1} = \dfrac{1}{3}\left(a^2\dot{Z}_m+\dot{Z}_m+a\dot{Z}_m\right) = 0 \\[2ex]
\dot{Z}_{2'} = \dfrac{1}{3}\left(\dot{Z}+a\dot{Z}+a^2\dot{Z}\right) = 0 & \dot{Z}_{m2} = \dfrac{1}{3}\left(a\dot{Z}_m+\dot{Z}_m+a^2\dot{Z}_m\right) = 0
\end{array}\right\} \tag{7-22}$$

$$\left.\begin{array}{l}
\dot{V}_0 = \left(\dot{Z}+2\dot{Z}_m\right)\dot{I}_0 = \dot{Z}_0\dot{I}_0 \\[2ex]
\dot{V}_1 = \left(\dot{Z}-\dot{Z}_m\right)\dot{I}_1 = \dot{Z}_1\dot{I}_1 \\[2ex]
\dot{V}_2 = \left(\dot{Z}-\dot{Z}_m\right)\dot{I}_2 = \dot{Z}_2\dot{I}_2
\end{array}\right\} \tag{7-23}$$

各成分に対応したインピーダンスを，零相インピーダンス $\dot{Z}_0$，正相インピーダンス $\dot{Z}_1$，逆相インピーダンス $\dot{Z}_2$ と定義する．各インピーダンスは式(7-24)で示される．

$$\left.\begin{array}{l}
\dot{Z}_0 = \dot{Z}+2\dot{Z}_m \\[2ex]
\dot{Z}_1 = \dot{Z}-\dot{Z}_m \\[2ex]
\dot{Z}_2 = \dot{Z}-\dot{Z}_m
\end{array}\right\} \tag{7-24}$$

7.5 三相交流系統の事故

　三相交流回路において発生する事故の種類を表7-1に示す．実際の送配電系統で発生する事故の多くは一線地絡事故である．送配電系統で事故が生じた場合，各相の電圧および電流値が大きく変化するため，事故時の電圧および電流変化を求めることが重要となる．

　計算過程において，電源側から見た発電機の基本式と，各成分の関係式を用いる．

$$\dot{V}_0 = \quad -\dot{Z}_0 \dot{I}_0$$

$$\dot{V}_1 = \dot{E}_a - \dot{Z}_1 \dot{I}_1$$

$$\dot{V}_2 = \quad -\dot{Z}_2 \dot{I}_2$$

　例えば，電圧に関しては式（7-25）で示されるが，電流についても同様の関係がある．

$$\left.\begin{array}{l}
\begin{bmatrix} \dot{V}_a \\ \dot{V}_b \\ \dot{V}_c \end{bmatrix} = \begin{bmatrix} 1 & 1 & 1 \\ 1 & a^2 & a \\ 1 & a & a^2 \end{bmatrix} \begin{bmatrix} \dot{V}_0 \\ \dot{V}_1 \\ \dot{V}_2 \end{bmatrix} \\[20pt]
\begin{bmatrix} \dot{V}_0 \\ \dot{V}_1 \\ \dot{V}_2 \end{bmatrix} = \dfrac{1}{3} \begin{bmatrix} 1 & 1 & 1 \\ 1 & a & a^2 \\ 1 & a^2 & a \end{bmatrix} \begin{bmatrix} \dot{V}_a \\ \dot{V}_b \\ \dot{V}_c \end{bmatrix}
\end{array}\right\} \quad (7\text{-}25)$$

表7-1 事故の種類

地絡 (接地) 事故		短絡事故	
一線地絡 事故			
二線地絡 事故		二相短絡 事故	
三線地絡 事故		三相短絡 事故	

(1) 一線 (相) 地絡事故

図7-14のように，健全なa相で一線地絡事故が生じた場合の電圧電流特性を求める．ここで，各端子における電圧を$\dot{V}_a$，$\dot{V}_b$，$\dot{V}_c$とし，電流を$\dot{I}_a$，$\dot{I}_b$，$\dot{I}_c$とおく．

一線地絡事故であることから，初期条件として式(7-26)が与えられる．

$$\dot{V}_a = 0 ,\ \dot{I}_b = \dot{I}_c = 0 \tag{7-26}$$

初期条件より，式(7-27)および式(7-28)が成り立つ．

$$\dot{I}_b = \dot{I}_0 + a^2\dot{I}_1 + a\dot{I}_2 = 0 \tag{7-27}$$

$$\dot{I}_c = \dot{I}_0 + a\dot{I}_1 + a^2\dot{I}_2 = 0 \tag{7-28}$$

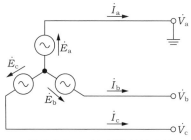
図7-14 一線（相）地絡事故

これらの差分をとることで式（7-29）が求まる.

$$(a^2 - a)\dot{I}_1 + (a - a^2)\dot{I}_2 = 0 \tag{7-29}$$

したがって，式（7-30）のように，電流の零相分，正相分，逆相分が示される.

$$\dot{I}_1 = \dot{I}_2$$
$$\dot{I}_0 = \dot{I}_1 = \dot{I}_2 \tag{7-30}$$

これを，式（7-25）に代入すると，式（7-31）に示すように，a相における電圧となる.

$$\dot{V}_a = \dot{V}_0 + \dot{V}_1 + \dot{V}_2 = \left(-\dot{Z}_0\dot{I}_0\right) + \left(\dot{E}_a - \dot{Z}_1\dot{I}_1\right) + \left(-\dot{Z}_2\dot{I}_2\right) = 0 \tag{7-31}$$

ここで，零相分は式（7-32）となる.

$$\dot{I}_0 = \dot{I}_1 = \dot{I}_2 = \frac{\dot{E}_a}{\dot{Z}_0 + \dot{Z}_1 + \dot{Z}_2} \tag{7-32}$$

したがって，a相における電流は式（7-33）となる.

$$\dot{I}_a = \dot{I}_0 + \dot{I}_1 + \dot{I}_2 = \frac{3\dot{E}_a}{\dot{Z}_0 + \dot{Z}_1 + \dot{Z}_2} \tag{7-33}$$

これらを，発電機の基本式に代入すると，各相の電圧成分が式（7-34）～式（7-36）で示される.

$$\dot{V}_0 = -\dot{Z}_0\dot{I}_0 = -\frac{\dot{Z}_0}{\dot{Z}_0 + \dot{Z}_1 + \dot{Z}_2}\dot{E}_a \tag{7-34}$$

$$\dot{V}_1 = \dot{E}_a - \dot{Z}_1\dot{I}_1 = \dot{E}_a - \frac{\dot{Z}_1}{\dot{Z}_0 + \dot{Z}_1 + \dot{Z}_2}\dot{E}_a$$

$$= \frac{\dot{Z}_0 + \dot{Z}_1}{\dot{Z}_0 + \dot{Z}_1 + \dot{Z}_2}\dot{E}_a \tag{7-35}$$

$$\dot{V}_2 = -\dot{Z}_2\dot{I}_2 = -\frac{\dot{Z}_2}{\dot{Z}_0 + \dot{Z}_1 + \dot{Z}_2}\dot{E}_a \tag{7-36}$$

したがって，求めるb相，c相電圧は式（7-37）となる．

$$\left.\begin{aligned}
\dot{V}_b &= \dot{V}_0 + a^2\dot{V}_1 + a\dot{V}_2 = -\frac{(a^2-1)\dot{Z}_0 + (a^2-a)\dot{Z}_2}{\dot{Z}_0 + \dot{Z}_1 + \dot{Z}_2}\dot{E}_a \\
\dot{V}_c &= \dot{V}_0 + a\dot{V}_1 + a^2\dot{V}_2 = \frac{(a-1)\dot{Z}_0 + (a-a^2)\dot{Z}_2}{\dot{Z}_0 + \dot{Z}_1 + \dot{Z}_2}\dot{E}_a
\end{aligned}\right\} \tag{7-37}$$

次に，地絡事故がインピーダンスを経由して生じた場合について説明する．初期条件は式（7-38）となる．

$$\dot{V}_a = \dot{Z}\dot{I}_a , \quad \dot{I}_b = \dot{I}_c = 0 \tag{7-38}$$

ここで，$\dot{I}_a$ は式（7-39）で示される．

$$\dot{I}_a = \dot{I}_0 + \dot{I}_1 + \dot{I}_2 \tag{7-39}$$

$\dot{V}_a = 3\dot{Z}\dot{I}_0$ を代入すると，各電圧および電流が求められる．

$$\dot{V}_a = \dot{V}_0 + \dot{V}_1 + \dot{V}_2 = \left(-\dot{Z}_0\dot{I}_0\right) + \left(\dot{E}_a - \dot{Z}_1\dot{I}_0\right) + \left(-\dot{Z}_2\dot{I}_0\right) = 3\dot{Z}\dot{I}_0$$

$$\dot{I}_0 = \frac{\dot{E}_a}{\dot{Z}_0 + \dot{Z}_1 + \dot{Z}_2 + 3\dot{Z}}$$

$$\dot{V}_a = \frac{3\dot{Z}}{\dot{Z}_0 + \dot{Z}_1 + \dot{Z}_2 + 3\dot{Z}} \dot{E}_a$$

$$\dot{V}_0 = -\dot{Z}_0 \dot{I}_0 = -\frac{\dot{Z}_0}{\dot{Z}_0 + \dot{Z}_1 + \dot{Z}_2 + 3\dot{Z}} \dot{E}_a$$

$$\dot{V}_1 = \dot{E}_a - \dot{Z}_1 \dot{I}_1$$

$$= \dot{E}_a - \frac{\dot{Z}_1}{\dot{Z}_0 + \dot{Z}_1 + \dot{Z}_2 + 3\dot{Z}} \dot{E}_a$$

$$= \frac{\dot{Z}_0 + \dot{Z}_2 + 3\dot{Z}}{\dot{Z}_0 + \dot{Z}_1 + \dot{Z}_2 + 3\dot{Z}} \dot{E}_a$$

$$\dot{V}_2 = -\dot{Z}_2 \dot{I}_2 = -\frac{\dot{Z}_2}{\dot{Z}_0 + \dot{Z}_1 + \dot{Z}_2 + 3\dot{Z}} \dot{E}_a$$

$$\dot{I}_a = \dot{I}_0 + \dot{I}_1 + \dot{I}_2 = \frac{3}{\dot{Z}_0 + \dot{Z}_1 + \dot{Z}_2 + 3\dot{Z}} \dot{E}_a$$

$$\dot{V}_b = \dot{V}_0 + a^2\dot{V}_1 + a\dot{V}_2 = \frac{(a^2-1)\dot{Z}_0 + (a^2-a)\dot{Z}_2 + 3a^2\dot{Z}}{\dot{Z}_0 + \dot{Z}_1 + \dot{Z}_2 + 3\dot{Z}} \dot{E}_a$$

$$\dot{V}_c = \dot{V}_0 + a\dot{V}_1 + a^2\dot{V}_2 = \frac{(a-1)\dot{Z}_0 + (a-a^2)\dot{Z}_2 + 3a\dot{Z}}{\dot{Z}_0 + \dot{Z}_1 + \dot{Z}_2 + 3\dot{Z}} \dot{E}_a$$

⑵ 二線（相）地絡事故

図7-15で示すように，健全なb相およびc相で二線地絡事故が生じた場合の電圧電流特性を求める．ここで，各端子における電圧を $\dot{V}_a$，$\dot{V}_b$，$\dot{V}_c$ とし，電流を $\dot{I}_a$，$\dot{I}_b$，$\dot{I}_c$ とおく．

二線地絡事故であることから，初期条件として，初期条件として式（7-40）が与えられる．

$$\dot{V}_b = \dot{V}_c = 0, \quad \dot{I}_a = 0 \tag{7-40}$$

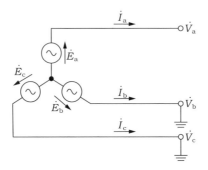

図7-15 二線（相）地絡事故

初期条件より，各相の電圧成分は式（7-41）となる．

$$\dot{V}_0 = \dot{V}_1 = \dot{V}_2 \qquad (7\text{-}41)$$

ここで，発電機の基本式を用いると，式（7-42）に展開できる．

$$\dot{V}_0 = -\dot{Z}_0 \dot{I}_0 = \dot{E}_a - \dot{Z}_1 \dot{I}_1 = -\dot{Z}_2 \dot{I}_2 \qquad (7\text{-}42)$$

$$\dot{I}_0 = -\frac{\dot{E}_a}{\dot{Z}_0} + \frac{\dot{Z}_1 \dot{I}_1}{\dot{Z}_0}$$

また，初期条件より式（7-43）が求められる．

$$\dot{I}_a = \dot{I}_0 + \dot{I}_1 + \dot{I}_2 = 0$$

$$\dot{I}_2 = -\left(\dot{I}_0 + \dot{I}_1\right)$$

$$\dot{E}_a = -\dot{Z}_1 \dot{I}_1 = -\dot{Z}_2 \dot{I}_2 = \dot{Z}_2 \left(\dot{I}_0 + \dot{I}_1\right)$$

$$\dot{E}_a = \dot{Z}_2 \dot{I}_0 + \left(\dot{Z}_1 + \dot{Z}_2\right)\dot{I}_1 \qquad (7\text{-}43)$$

したがって，正相電流 $\dot{I}_1$ は式（7-44）となる．

$$\dot{E}_{\mathrm{a}} = \dot{Z}_2\left(-\frac{\dot{E}_{\mathrm{a}}}{\dot{Z}_0} + \frac{\dot{Z}_1 \dot{I}_1}{\dot{Z}_0}\right) + \left(\dot{Z}_1 + \dot{Z}_2\right)\dot{I}_1$$

$$= \left(-\frac{\dot{Z}_2}{\dot{Z}_0}\dot{E}_{\mathrm{a}} + \frac{\dot{Z}_1 \dot{Z}_2}{\dot{Z}_0}\dot{I}_1\right) + \left(\dot{Z}_1 + \dot{Z}_2\right)\dot{I}_1$$

$$\frac{\dot{Z}_0 + \dot{Z}_2}{\dot{Z}_0}\dot{E}_{\mathrm{a}} = \frac{\dot{Z}_0 \dot{Z}_1 + \dot{Z}_1 \dot{Z}_2 + \dot{Z}_2 \dot{Z}_0}{\dot{Z}_0}\dot{I}_1$$

$$\dot{I}_1 = \frac{\dot{Z}_0 + \dot{Z}_2}{\dot{Z}_0 \dot{Z}_1 + \dot{Z}_1 \dot{Z}_2 + \dot{Z}_2 \dot{Z}_0}\dot{E}_{\mathrm{a}} \tag{7-44}$$

同様に，零相電流 $\dot{I}_0$ は式（7-45）となる．

$$\dot{I}_0 = -\frac{\dot{E}_{\mathrm{a}}}{\dot{Z}_0} + \frac{\dot{Z}_1 \dot{I}_1}{\dot{Z}_0} = \left(-1 + \frac{\dot{Z}_1\left(\dot{Z}_0 + \dot{Z}_2\right)}{\dot{Z}_0 \dot{Z}_1 + \dot{Z}_1 \dot{Z}_2 + \dot{Z}_2 \dot{Z}_0}\right)\frac{\dot{E}_{\mathrm{a}}}{\dot{Z}_0}$$

$$= -\frac{\dot{Z}_2}{\dot{Z}_0 \dot{Z}_1 + \dot{Z}_1 \dot{Z}_2 + \dot{Z}_2 \dot{Z}_0}\dot{E}_{\mathrm{a}} \tag{7-45}$$

また，逆相電流 $\dot{I}_2$ は式（7-46）となる．

$$\dot{I}_2 = \frac{\dot{Z}_0}{\dot{Z}_2}\dot{I}_0 = -\frac{\dot{Z}_2}{\dot{Z}_0 \dot{Z}_1 + \dot{Z}_1 \dot{Z}_2 + \dot{Z}_2 \dot{Z}_0}\dot{E}_{\mathrm{a}} \tag{7-46}$$

ここで，b相電流及びc相電流は式（7-47）および式（7-48）で示すことができる．

$$\dot{I}_{\mathrm{b}} = \dot{I}_0 + a^2 \dot{I}_1 + a\dot{I}_2$$

$$\dot{I}_{\mathrm{b}} = \left(-\frac{\dot{Z}_2}{\dot{Z}_0 \dot{Z}_1 + \dot{Z}_1 \dot{Z}_2 + \dot{Z}_2 \dot{Z}_0} + \frac{a^2\left(\dot{Z}_0 + \dot{Z}_2\right)}{\dot{Z}_0 \dot{Z}_1 + \dot{Z}_1 \dot{Z}_2 + \dot{Z}_2 \dot{Z}_0}\right.$$

$$\left. - \frac{a^2 \dot{Z}_0}{\dot{Z}_0 \dot{Z}_1 + \dot{Z}_1 \dot{Z}_2 + \dot{Z}_2 \dot{Z}_0}\right)\dot{E}_{\mathrm{a}}$$

$$= \frac{\left(a^2 - a\right)\dot{Z}_0 + \left(a^2 - 1\right)\dot{Z}_2}{\dot{Z}_0 \dot{Z}_1 + \dot{Z}_1 \dot{Z}_2 + \dot{Z}_2 \dot{Z}_0}\dot{E}_{\mathrm{a}} \tag{7-47}$$

$$\dot{I}_c = \dot{I}_0 + a\dot{I}_1 + a^2\dot{I}_2 = \frac{(a - a^2)\dot{Z}_0 + (a-1)\dot{Z}_2}{\dot{Z}_0\dot{Z}_1 + \dot{Z}_1\dot{Z}_2 + \dot{Z}_2\dot{Z}_0}\dot{E}_a \qquad (7\text{-}48)$$

a相電圧は式（7-49）となる．

$$\dot{V}_a = \dot{V}_0 + \dot{V}_1 + \dot{V}_2 = 3\dot{V}_0 = -3\dot{Z}_0\dot{I}_0$$

$$= \frac{3\dot{Z}_0\dot{Z}_2}{\dot{Z}_0\dot{Z}_1 + \dot{Z}_1\dot{Z}_2 + \dot{Z}_2\dot{Z}_0}\dot{E}_a \qquad (7\text{-}49)$$

⑶ 二相短絡事故

図7-16に示すように，健全なb相およびc相で二相短絡事故が生じた場合の電圧電流特性を求める．各端子における電圧を$\dot{V}_a$，$\dot{V}_b$，$\dot{V}_c$とし，電流を$\dot{I}_a$，$\dot{I}_b$，$\dot{I}_c$とおく．

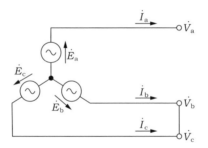

図7-16　二相短絡事故

二相短絡事故であることから，初期条件として，式（7-50）が与えられる．

$$\dot{V}_b = \dot{V}_c, \quad \dot{I}_a = 0, \quad \dot{I}_b = -\dot{I}_c \qquad (7\text{-}50)$$

初期条件$\dot{V}_b = \dot{V}_c$より，式（7-51）が求められる．

$$\dot{V}_0 + a^2\dot{V}_1 + a\dot{V}_2 = \dot{V}_0 + a\dot{V}_1 + a^2\dot{V}_2$$

$$(a^2 - a)\dot{V}_1 = (a^2 - a)\dot{V}_2$$

$$\therefore \dot{V}_1 = \dot{V}_2 \tag{7-51}$$

また，各電流値から，式(7-52)が与えられる．

$$\dot{I}_0 + \dot{I}_1 + \dot{I}_2 = 0$$

$$\dot{I}_0 + a^2\dot{I}_1 + a\dot{I}_2 = -\left(\dot{I}_0 + a\dot{I}_1 + a^2\dot{I}_2\right)$$

$$2\dot{I}_0 + \left(a^2 + a\right)\left(\dot{I}_1 + \dot{I}_2\right) = 0 \tag{7-52}$$

このとき，零相電流は式(7-53)となる．

$$\dot{I}_0 = -\left(\dot{I}_1 + \dot{I}_2\right)$$

$$2\dot{I}_0 - \left(a^2 + a\right)\dot{I}_0 = 0$$

$$2\dot{I}_0 + \left(a^2 + a\right)\left(\dot{I}_1 + \dot{I}_2\right) = 0 \tag{7-53}$$

同様に，正相電流及び逆相電流は，式(7-54)となる．

$$\dot{I}_0 = -\left(\dot{I}_1 + \dot{I}_2\right)$$

$$2\dot{I}_0 - \left(a^2 + a\right)\dot{I}_0 = 0$$

$$\dot{I}_0 = 0 , \quad \dot{I}_1 = -\dot{I}_2 \tag{7-54}$$

ここで，発電機の基本式を用いると，式(7-55)を導くことができる．

$$\dot{V}_0 = -\dot{Z}_0\dot{I}_0 = 0$$

$$\dot{V}_1 = \dot{E}_a - \dot{Z}_1\dot{I}_1 \left(= \dot{V}_2\right)$$

$$\dot{V}_2 = -\dot{Z}_2\dot{I}_2 \tag{7-55}$$

したがって，正相電流は式(7-56)となる．

$$\dot{I}_1 = \frac{\dot{E}_a}{\dot{Z}_1 + \dot{Z}_2} = -\dot{I}_2 \tag{7-56}$$

ここで，各電圧の成分は式（7-57）となる．

$$\dot{V}_1 = \dot{V}_2 = \dot{E}_a - \frac{\dot{Z}_1}{\dot{Z}_1 + \dot{Z}_2}\dot{E}_a = \frac{\dot{Z}_2}{\dot{Z}_1 + \dot{Z}_2}\dot{E}_a \tag{7-57}$$

求める電流および電圧は式（7-58）～式（7-60）となる．

$$\dot{I}_b = \dot{I}_0 + a^2\dot{I}_1 + a\dot{I}_2 = (a^2 - a)\dot{I}_1 = \frac{(a^2 - a)}{\dot{Z}_1 + \dot{Z}_2}\dot{E}_a \tag{7-58}$$

$$\dot{V}_a = \dot{V}_0 + \dot{V}_1 + \dot{V}_2 = 2\dot{V}_1 = \frac{2\dot{Z}_2}{\dot{Z}_1 + \dot{Z}_2}\dot{E}_a \tag{7-59}$$

$$\dot{V}_b = \dot{V}_c = (a^2 + a)\dot{V}_1 = -\dot{V}_1 = -\frac{\dot{Z}_2}{\dot{Z}_1 + \dot{Z}_2}\dot{E}_a \tag{7-60}$$

⑷ 三相短絡事故および三相地絡事故

図7-17のように健全なa相，b相およびc相で三相短絡事故が生じた場合の電圧電流特性を求める．ここで，各端子における電圧を$\dot{V}_a$，$\dot{V}_b$，$\dot{V}_c$とし，電流を$\dot{I}_a$，$\dot{I}_b$，$\dot{I}_c$とおく．

三相短絡事故であることから，初期条件として式（7-61）が与えられる．

$$\dot{V}_a = \dot{V}_b = \dot{V}_c, \quad \dot{I}_a + \dot{I}_b + \dot{I}_c = 0 \tag{7-61}$$

これより，各電圧成分は式（7-62）となる．

$$\dot{V}_0 = \dot{V}_1 = \dot{V}_2 = 0 \tag{7-62}$$

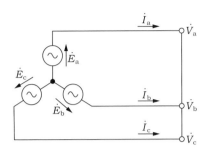

図7-17 三相短絡事故

発電機の基本式より，各成分は式（7-63）で示される．

$$0 = \quad -\dot{Z}_0\dot{I}_0$$

$$0 = E_a - \dot{Z}_1\dot{I}_1$$

$$0 = \quad -\dot{Z}_2\dot{I}_2$$

$$\left.\begin{array}{l} \dot{I}_0 = \dot{I}_2 = 0 \\[1.5em] \dot{I}_1 = \dfrac{\dot{E}_a}{\dot{Z}_1} \end{array}\right\} \tag{7-63}$$

つまり，三相短絡事故においては，各相電圧および各電流は正相分だけが関与するため，式（7-64）となる．

$$\left.\begin{array}{l} \dot{I}_a = \dfrac{\dot{E}_a}{\dot{Z}_1} \\[1.5em] \dot{I}_b = \dfrac{a^2\dot{E}_a}{\dot{Z}_1} = \dfrac{\dot{E}_b}{\dot{Z}_1} \\[1.5em] \dot{I}_b = \dfrac{a\dot{E}_a}{\dot{Z}_1} = \dfrac{\dot{E}_c}{\dot{Z}_1} \\[1.5em] \dot{V}_a = \dot{V}_b = \dot{V}_c = 0 \end{array}\right\} \tag{7-64}$$

　ここで，各端子における電圧成分が0であることから，図7-18に示す三相地絡
事故と同様となる．

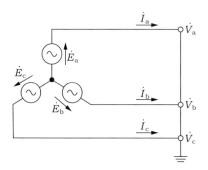

図7-18　三相地絡事故

8 配電システム

8.1 配電系統の概要

　配電用変電所で降圧した電力は，配電系統により需要家へ供給される．配電用変電所では，一般的に66 kVまたは77 kVの送電線を引込み，6.6 kVの配電系統で用いる電圧に変圧する．

　配電系統は配電用変電所から需要家までの電力系統をいい，主に6.6 kVの三相3線式で運用されている．多くは，図8-1に示すように，架空配電線路が用いられる．

　電柱に設置された柱上変圧器（Pole transformer）で，配電線側が6.6 kV，受電側で100/200 Vに降圧し需要家に電力を供給する．

　都市部や，景観に考慮して地中化されている地域もある（図8-2）．

三相3線式

柱上変圧器

三相3線式

(a)　国内　　　　　　　　　　(b)　外国の例

((a)　中国電力ネットワーク株式会社　写真提供　　(b)　著者撮影)

図8-1　架空配電線路

(a) 景観を考慮した地中化 (b) 架空電線の末端

(著者撮影)

(c) 路上変圧器 (d) 路上開閉器

(中国電力ネットワーク株式会社 写真提供)

図8-2 地中化

　受電は需要家の要求に伴い，図8-3に示すように，主に単相2線式，単相3線式，三相3線式，三相4線式に分類される．三相交流においては，△結線，Y結線，V結線での接続方式がある．

　一般的に，2線の線間電圧から単相交流を取り出す結線が用いられる．モータ等の回転機器負荷においては，三相3線式で取り出す場合もある．また，図8-4に示す，400 Vで受電することもある．

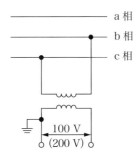

(a) 単相 2 線式　100 V（200 V）

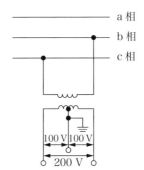

(b) 単相 3 線式　100 V/200 V

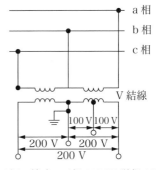

(c) 三相 3 線式　三相 200 V　　　(d) 三相 4 線式　三相 200 V/単相 100 V

図8-3　結線方式

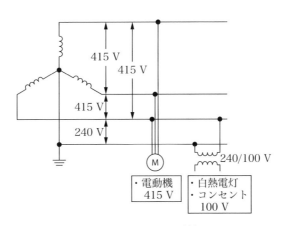

図8-4　400 V系統

147

　一般に，配電系統の高圧側は 6.6 kV であるが，図 8-5 に示す，20 kV 級の電圧を用いた配電システムも運用されている．実際の電圧は 22 kV または 33 kV となるが，あわせて 20 kV 級という．

　なお，配電系統の多くは架空線路であり，都市部や観光地などの市街地では景観等に考慮し地中化されている場合もある．配電方式は，配電用変電所から需要家までの経路によって分類される．

（中国電力ネットワーク株式会社　写真提供）

図 8-5　20 kV 級配電

　支持物は鉄筋コンクリート柱が主流である．配電系統は送電系統と比較して高さが低いため，浮遊物や樹木あるいは人為的な接触事故に考慮する必要がある．柱上変圧器は通常単相であるが，三相が必要なときには V 結線等を用いる．柱上変圧器の容量は単相で 10 ～ 100 kVA 程度である．

8.2　配電方式

(1)　樹枝状方式（Branch-type distribution system）

　樹枝状方式は一般的に配電方式として採用されている．図 8-6 に示すように，幹線と分岐線から構成され，系統を樹枝（放射）状に広げる．なお，配電用変電所から直接引き出される主要な部分を幹線，幹線から枝分かれした線路を分岐線と

いう.

　新たな需要が発生した場合には，必要に応じて幹線および分岐線を延長することが比較的容易である．安価に設置できる反面，万が一の事故時においては，接続された配電線全体の停電に繋がる．そのため，電力供給に対する信頼度は若干低い.

　対策として，区分開閉器を用いて適切な区間で分割し，事故が発生した場合には，事故点を含む区間を遮断することで停電区間を限定する.

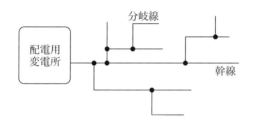

図8-6　樹枝状方式

⑵　ループ方式（Looped distribution system）

　系統のバックアップ体制を強化した場合には，図8-7に示すループ状方式が用いられる．ループの方式として，1回線ループ，2回線ループ，多重ループがある．なお，ループ点は通常開放されている.

　事故時には他の幹線から切り替えができる．そのため，ループ状方式は電力供給の信頼度は高く，高密度の電力供給が要求される都市部において導入されている.

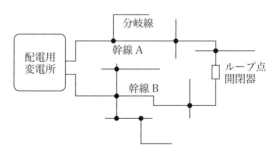

図8-7　ループ状方式

(3) 二次 (低圧) バンキング方式

低圧バンキング方式は, 図8-8に示すように, 一次配電系統に接続されている複数台の配電用変圧器の二次側 (低圧側) 幹線を, 相互に接続する方式である.

複数台の変圧器が接続されているため, 電圧動揺 (フリッカ) を抑制することができ, 電力需要の増加にも対応可能となる. また, 構築のための費用を低減することができる.

しかしながら, 一次側 (高圧側) の変圧器の同じ相に接続されているため, 一次側に事故が発生したときには配電系統の停電に繋がる.

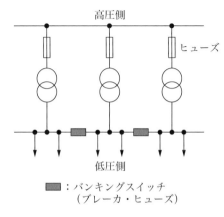

高圧側

ヒューズ

低圧側

▬ ：バンキングスイッチ
（ブレーカ・ヒューズ）

図8-8　低圧バンキング方式

(4) ネットワーク方式

低圧バンキング方式の欠点を補うため, ネットワーク方式が用いられる. ネットワーク方式を分類すると表8-1となる.

表8-1　ネットワーク方式

種 類	接 続
高圧ネットワーク	変圧器一次側 (高圧)
低圧ネットワーク ・スポットネットワーク ・レギュラーネットワーク	変圧器二次側 (低圧)

　一次側でネットワークを構築し，信頼性を高める一次（高圧）ネットワーク方式
も各国で利用されているが，我が国では二次ネットワーク方式が主流となる．主
に，工場や商用施設，病院などで広く採用されている．

　特に，都市部などにおいては高い電圧階級の配電系統で，図8-9に示すスポッ
トネットワーク方式や，図8-10に示すレギュラーネットワーク方式などが用いら
れており，電力供給の信頼度を向上させている．

　スポットネットワーク方式は，20 kV級の配電線から複数回線の配電線で受電
する．1回線が故障しても他の回線から負荷に受電できる．レギュラーネットワー
ク方式は受電側で，さらにネットワークを形成し，電力供給の高度化を実現して
いる．

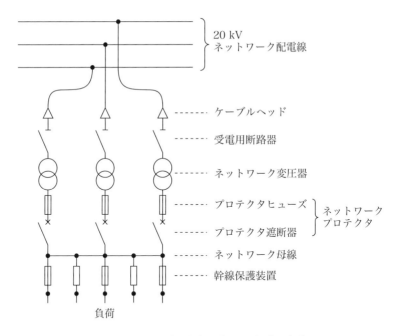

図8-9　スポットネットワーク受電方式

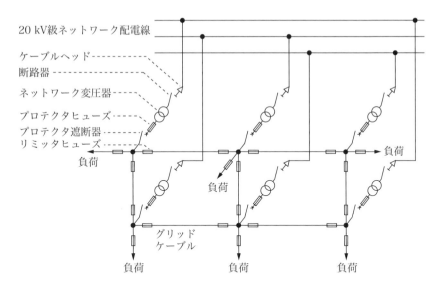

20 kV級ネットワーク配電線
ケーブルヘッド
断路器
ネットワーク変圧器
プロテクタヒューズ
プロテクタ遮断器
リミッタヒューズ
負荷
負荷
負荷
グリッド
ケーブル
負荷
負荷
負荷

図8-10　レギュラーネットワーク方式

　高圧受電に必要な，変圧器や電力用コンデンサ，保護装置等を金属箱に収めた受電設備をキュービクルと呼ぶ．図8-11に示すように，キュービクルは閉鎖型となることから，開放型の受電設備と比較し，保守点検が容易となり安全性も高まる．

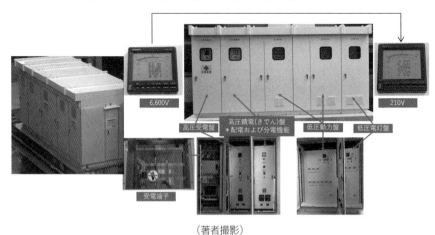

（著者撮影）

図8-11　キュービクル

8.3 バランサ

図8-12に示すように，単相3線式には中性線が設けられているため，中性線に電流が流れる場合がある.

電流が平衡しているときには中性線に電流は流れず（0 A），不平衡状態で，$I_n = I_1 - I_2$ となる.

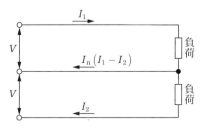

図8-12　単相3線式

図8-13に示すバランサは，1：1の単巻変圧器の原理を用い，バランサ電流I_bを流し平衡を保つことで，中性線に流れる電流I_nを0にする.

そのため，バランサによって不平衡状態を改善することができる.

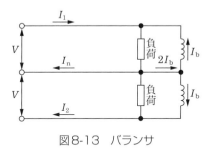

図8-13　バランサ

8.4 配電線における損失

配電線においては，電線のインピーダンスを考慮し，電力損失を評価する必要がある.

(1) 単相2線式

図8-14に示すように，線路の抵抗を集中抵抗rとおく．2本の線数より，1線

当たりの抵抗 r から，$2 \times I^2 r$ の損失が生じる．

　電力および端子電圧が同一の場合，単相2線式の電流 I_{12} は $\dfrac{P}{V}$ となる．線路の損失は，電線数×(電流)²×抵抗より式(8-1)で求めることができる．

$$2 \times I_{12}{}^2 \times r = 2\frac{P^2}{V^2}r \tag{8-1}$$

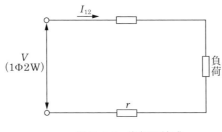

図8-14　単相2線式

⑵　単相3線式

　単相3線式で平衡状態が保たれた場合，図8-15に示すように，両端の線に電流が流れ中性線には流れない．損失は2本の線に作用するため，単相2線式と同様に $2I^2 r$ となる．

　ここで，単相3線式では位相が同じため，端子電圧は $V + V = 2V$ となる．したがって，このときの電流 I_{13} は $\dfrac{P}{2 \times V}$ となる．

　この場合の損失は，中性線を除き電線数を2本で計算する．線路の全損失は，式(8-2)となる．

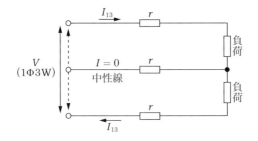

図8-15　単相3線式

$$2 \times I_{13}{}^2 \times r = \frac{P^2}{2V^2}r \tag{8-2}$$

⑶　三相３線式

三相３線式の場合，図8-16に示すように，３本の線に電流が流れるため，線路の損失は$3I^2r$となる．

電流$I_{33} = \dfrac{P}{\sqrt{3} \times V}$となり，全損失は式（8-3）で表せる．

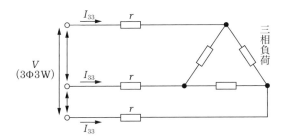

図8-16　三相３線式

$$3 \times I_{33}{}^2 r = \frac{P^2}{V^2} \times r \tag{8-3}$$

式（8-1）〜式（8-3）より損失P_{L}の比は，式（8-4）の関係となる．

$$P_{\mathrm{L1\Phi2W}} : P_{\mathrm{L1\Phi3W}} : P_{\mathrm{L3\Phi3W}} = 1 : \frac{1}{4} : \frac{1}{2} \tag{8-4}$$

ここで，供給電力を一定（$P_{\mathrm{L1\Phi2W}} = P_{\mathrm{L1\Phi3W}} = P_{\mathrm{L3\Phi3W}}$）とすると，線電流比は式（8-5）となる．

$$I_{12} : I_{13} : I_{33} = 1 : \frac{1}{2} : \frac{1}{\sqrt{3}} \tag{8-5}$$

8.5 負荷分布

配電系統においては給電点から負荷が分布している.

⑴ 平等負荷への給電

表8-2にモデルを示す. 末端点Aから給電したとき，L方向に向かって平等負荷であるため負荷電流は式(8-6)となる.

$$\frac{1}{L} \ [\mathrm{A/m}] \tag{8-6}$$

このとき，負荷電流i_x [A]は，xから点Bまで分岐している電流の合計となるため，式(8-7)で示される.

$$i_\mathrm{x} = \int_x^L \frac{I}{L}\mathrm{d}x = \left[\frac{I}{L}x\right]_x^L = I - \frac{I}{L}x \ [\mathrm{A}] \tag{8-7}$$

電圧降下v_ABはi_xと平等負荷分布で示される線路抵抗より，式(8-8)で求まる.

$$v_\mathrm{AB} = \int_0^L ri_\mathrm{x}\mathrm{d}x = r\int_0^L \left(I - \frac{I}{L}x\right)\mathrm{d}x = r\left[Ix - \frac{I}{2L}x^2\right]_0^L$$

$$= r\left(IL - \frac{1}{2}IL\right) = \frac{1}{2}rIL \ [\mathrm{V}] \tag{8-8}$$

次に，中央地点で給電した場合，平等負荷分布は左右に対象となる. 負荷電流i_x [A]は，点Aから点xの負荷電流の合計となる.

$$i_\mathrm{x} = \frac{I}{L}x \ [\mathrm{A}] \quad \left(0 \le x \le \frac{L}{2}\right)$$

このとき，電圧降下v_APは式(8-9)で求まる.

$$v_\mathrm{AP} = \int_0^{\frac{L}{2}} ri_\mathrm{x}\mathrm{d}x = r\int_0^{\frac{L}{2}} \frac{I}{L}x\mathrm{d}x = r\left[\frac{I}{2L}x^2\right]_0^{\frac{L}{2}}$$

$$= \frac{1}{8}rIL \ [\mathrm{V}] = v_\mathrm{BP} \tag{8-9}$$

表8-2 平等負荷分布

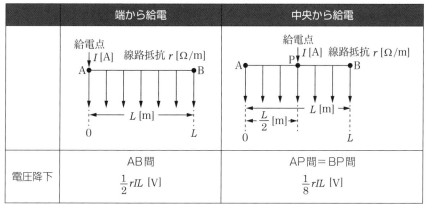

	端から給電	中央から給電
電圧降下	AB間 $\dfrac{1}{2}rIL$ [V]	AP間＝BP間 $\dfrac{1}{8}rIL$ [V]

(2) 直線的分布負荷への給電

表8-3にモデルを示す．直線的に負荷が分布する場合，低負荷側点Aから給電すると，点 x における負荷電流 i_0 [A] は式 (8-10) となる．

$$i_0 = \frac{I}{L}x \ \text{[A]} \tag{8-10}$$

点 x から点Bまでの負荷電流 i_x [A] は式 (8-11) で示され，電圧降下 v_{AB} は式 (8-12) となる．

$$i_x = \int_x^L i_0 \mathrm{d}x = \int_x^L \frac{I}{L}x\mathrm{d}x = \left[\frac{I}{2L}x^2\right]_x^L = \frac{IL}{2} - \frac{I}{2L}x^2 \ \text{[A]} \tag{8-11}$$

$$v_{AB} = \int_0^L ri_x \mathrm{d}x = r\int_0^L \left(\frac{IL}{2} - \frac{I}{2L}x^2\right)\mathrm{d}x = r\left[\frac{IL}{2}x - \frac{I}{6L}x^3\right]_0^L$$

$$= r\left(\frac{1}{2}IL^2 - \frac{1}{6}IL^2\right) = r\left(\frac{2}{6}IL^2\right)$$

$$= \frac{1}{3}rIL^2 \ \text{[V]} \tag{8-12}$$

また，高負荷側の点Bから給電すると，負荷電流i_x [A]は式（8-13）で示され，電圧降下v_{AB}は式（8-14）となる．

$$i_x = \int_0^x i_0 \mathrm{d}x = \int_0^x \frac{I}{L}x\mathrm{d}x = \frac{I}{2L}x^2 \ [\mathrm{A}] \tag{8-13}$$

$$v_{AB} = \int_0^L r i_x \mathrm{d}x = r\int_0^L \left(\frac{I}{2L}x^2\right)\mathrm{d}x = r\left[\frac{I}{6L}x^3\right]_0^L = r\left(\frac{1}{6}IL^2\right)$$

$$= \frac{1}{6}rIL^2 \ [\mathrm{V}] \tag{8-14}$$

表8-3　直線的に変化する負荷分布

低負荷側から給電	高負荷側から給電
給電点 線路抵抗 r [Ω/m] A——————B I [A/m] 0 ←— L [m] —→ L	給電点 線路抵抗 r [Ω/m] A——————B I [A/m] 0 ←— L [m] —→ L

電圧降下	AB間 $\frac{1}{3}rIL^2$ [V]	AP間＝BP間 $\frac{1}{6}rIL^2$ [V]

8.6　力率改善

配電系統において力率を改善すると，有効電力を送る際に損失を低減することができる．

需要家の代表的な負荷が電動機やアーク溶接となることから，電力用コンデンサなどの容量性の負荷を投入することで力率が改善される．このとき，有効電力と無効電力の関係は式（8-15）となる．

$$Q = P \tan\theta$$

$$\tan\theta = \frac{\sqrt{1 - \cos^2\theta}}{\cos\theta} \tag{8-15}$$

図8-17に，有効電力Pと無効電力Qのベクトルを示す．コンデンサを接続するとQ_cにより無効電力が変化し力率が改善する．

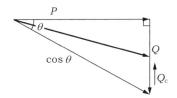

P：有効電力 [kW]　　Q：無効電力 [kVar]　　Q_c：力率改善負荷　　$\cos\theta$：力率

図8-17　力率改善

8.7　配電線路における障害

⑴　瞬時電圧低下

　瞬時電圧低下は，しきい値以下に電圧が低下し短時間で電圧が回復する電圧低下現象をいう．電圧ディップ（Voltage Dips）やサグ（Sag）ともいわれる．瞬時電圧低下が発生する主な原因は，落雷などの自然現象である．瞬時電圧低下により，コンピュータや制御装置などの誤作動や電動機の速度変動，放電灯の消灯などが生じる．

　対策として，電力系統側では避雷器等を設置する，需要側では二次電池や電気二重層キャパシタ等の補助電源を有する無停電電源装置（UPS：Uninterruptible power supply）を設置し一定時間の電力供給を確保することがあげられる．

⑵　フリッカ

　フリッカは短時間に変動する光刺激によって，視覚的に不安定になる現象をい

う．アーク炉など短時間で電圧変動が生じる機器が原因で，蛍光灯等にちらつきが発生する．

フリッカ発生源への電力供給を専用回線とすることや，電圧変動が大きくならないように，短絡容量を大きくする必要がある．

⑶ 高調波

商用周波数（50 Hzまたは60 Hz）の整数倍の成分が基本波形に重畳すると交流波形を歪ませる．このとき発生した高調波によって，過電流や誘導障害などが生じる．鉄心を有する変圧器やモータなどの磁気飽和現象，アーク炉での短絡開放運転などが高調波の原因となる．インバータ回路などのパワーエレクトロニクス機器も，発生源になる場合がある．

高調波の影響が大きいと，制御機器の不具合や誤動作，通信機器に対する雑音や振動の発生，過熱や焼損などが生じることもある．

高調波対策として，発生源側では電力変換器の入力波形を正弦波に近づけることや，インバータ装置においてはリアクトルを付加する．負荷側では，能動フィルタ（アクティブフィルタ）や受動フィルタの導入，力率改善用コンデンサを設置する．

8.8 需要電力

大口需要家が電力エネルギーを利用する際，次のパラメータを考慮する必要がある．

⑴ 需要率

需要家設備のうち実際に使われている最大需要電力 P_m [kW] と総設備容量 P_c [kW] の比を示す．需要率は式（8-16）で示される．

$$需要率 = \frac{最大需要電力}{総設備容量} \times 100\ \% = \frac{P_m}{P_c} \times 100\ \% \tag{8-16}$$

⑵ 不等率

需要家における最大需要電力は，各需要家において時間的に異なる．したがっ

て，各需要家を総合した時の最大電力 P_{mo} [kW] は，各需要家の最大需要電力の総和 $P_{m1} + P_{m2} + \cdots$ [kW] より小さくなる．

この割合を不等率という．不等率は式 (8-17) で示され，通常 1 より大きな値となる．

$$不等率 = \frac{各最大需要電力の合計}{最大需要電力の総和} \times 100\ \% = \frac{P_{m1} + P_{m2} + \cdots}{P_{mo}} \times 100\ \%$$

$$(8\text{-}17)$$

⑶　負荷率

負荷率は，需要家における，ある期間の平均電力 P_a [kW] と最大電力 P_m [kW] の比を示す．負荷率は式 (8-18) で示される．

$$負荷率 = \frac{負荷の平均電力}{負荷の最大電力} \times 100\ \% = \frac{P_a}{P_m} \times 100\ \% \qquad (8\text{-}18)$$

⑷　デマンド制御

負荷管理はデマンド制御と，後述する⑸電力量管理に分類される．デマンド制御では，現在使用している負荷電力を監視し，今後使用される電力量を予測する．そのため，設置者が設定した最大電力を超過する前に，順位づけされた順番に負荷を切り離すことが可能となり契約電力量を抑えることができる．

監視システムの一例を，図8-18(a)〜(c)に示す．図8-18(a)の5分デマンドグラフでは，5分毎の最大電力をグラフ化する．(b)の現時限デマンドグラフでは，30分毎に電力使用を換算し，設定した目標値（この例では730 kW）より低くなるように監視する．設定値を超えそうな場合には負荷を遮断する．(c)の日デマンドグラフでは，1日の電力量を視覚化する．月や年におけるデマンドグラフも同様となる．

デマンド制御を行うことで，設定値以下かつ最大電力に調整する運転となり負荷率が向上する。そのため，電力設備の効率的な運用が実現できる．デマンド契約の設定値を調整することで，電気料金の低減も期待できる．

また，デマンド制御において最大需要電力を小さく設定することで，負荷率が大きくなり，受配電設備を有効に利用できる．

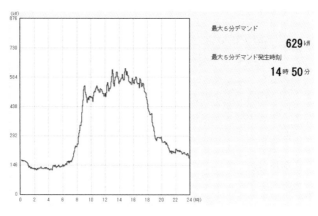

(a) 5分デマンドグラフ

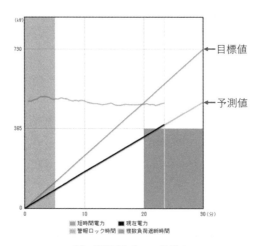

(b) 現時限デマンドグラフ

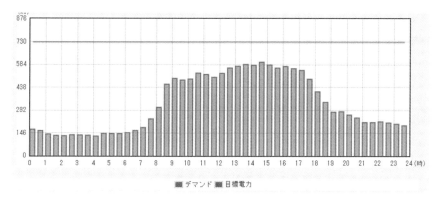

(c) 日デマンドグラフ

図8-18 デマンド制御

⑸ 電力量管理

電力量管理は，工場や事業場の生産活動や業務活動を効率化させ，経済的な電力使用を行うことで電力量の低減を図る．これにより，製品の電力原単位を低下させる．

電力原単位とは，製品の生産時に必要とする電力量を示す．電気を有効に使用している指標となる．式(8-19)に示される，電力原単位が用いられる．

$$総合電力原単位 = \frac{消費電力量}{総生産量}$$

$$製品別電力原単位 = \frac{直接電力量 + 間接電力量}{製品生産量} \qquad (8\text{-}19)$$

⑹ 太陽光発電設備の系統連携

太陽電池は半導体の光起電力効果によって，光のエネルギーを電気エネルギーに変換する．材料は主にシリコンと化合物が用いられ，シリコンは単結晶，多結晶，アモルファスに分類される．現在のところ，発電効率が高い順に，単結晶，多結晶，アモルファスとなり，価格は単結晶，多結晶，アモルファスとなる．

　太陽光発電設備は，図8-19に示すように，太陽電池とパワーコンディショナで構成される．パワーコンディショナは逆変換器部（インバータ），連系保護装置部からなる．太陽電池は，太陽の光を直流電力に変換し出力させる．逆変換器部は直流電力を交流電力に変換する．

　出力電流制御，太陽光発電を有効活用するための最大電力点追従制御などがある．連系保護装置部は，太陽光発電設備を事故時に停止させる．

図8-19　太陽光発電設備

　太陽光発電などの分散型電源を電力系統に連系する場合，「電力品質確保に係る系統連系技術要件ガイドライン」で定められた，電圧・周波数などの電力品質の確保や，連絡体制の要件を満たす必要がある．

(a)　太陽光発電などの発電設備を高圧配電線に連系するには，技術要件を満たした上で電力容量が原則として2000 kW未満の設備とする．

(b)　低圧配電線との連系では50 kW未満の設備を示す．

(c)　電気事業法第26条等で示される常時電圧変動範囲は，100 Vにおいては，101 Vの上下6 Vを超えない値，200 Vにおいては，202 Vの上下20 Vを超えない値である．

(d)　瞬時電圧変動対策として逆変換器を介して系統に接続する際には自動的に同期が取れる機能をもたせる必要がある．

(e)　連系点の力率は原則として85 %以上，かつ系統側から見て進み力率とはならないこととする．

⑺　分散型電源の系統連携

　分散型電源は，太陽光発電や風力発電，燃料電池や内燃機関など，各地に分散して設置している小規模電源を示す．風力発電は風のエネルギーを回転運動に変換し発電する自然エネルギーであり，運転時にCO_2を排出しない．一方，気象条

件に左右され風速によって発電機の出力が変動する．コジェネレーションシステムなど，熱を利用しエネルギー効率を改善する装置，ゴミなどの廃棄物を用いた発電，未利用資源を活用した発電などが対象となる．

分散型電源を系統連系するガイドラインが定められている．

(a)　連系によって配電系統の供給信頼度に悪影響を及ぼさない．

(b)　連系によって公衆や作業者の安全確保，配電系統の供給設備，連系された他の需要家設備の保全に悪影響を及ぼさない．

(c)　配電系統の連系は，低圧配電線との連系，高圧配電線との連系，スポットネットワーク配電線との連系，特別高圧電線路との連系に分類される．

8.9　変圧器を含む回路表記

電気回路は主にオーム法で表記され，電圧や電流，インピーダンスなどの単位に［V］，［A］，［Ω］などを用いる．

一方，送配電系統では変圧器が接続されていることから，任意の点における電圧や電流は，図8-20に示すように，一次側あるいは二次側で，それぞれの方向から見た場合に，変圧器の巻き数比 a が関係するため異なる値を示す．

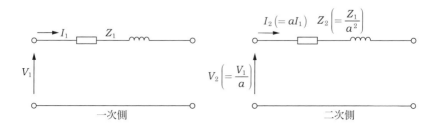

図8-20　変圧器を含む回路

そこで，変圧器を含む回路では，％インピーダンス法や単位法（per unit method）で表記すると利便性が増す．これらの方法は，一次側から見ても，二次側から見ても同じ値になる．

⑴ ％インピーダンス法

一次側の％インピーダンス（％Z）は式（8-20）で与えられる．

$$\%Z_1 = \frac{I_1 Z_1}{V_1} \times 100 \qquad (8\text{-}20)$$

式（8-20）は，定格電圧に対する電圧降下の割合を示している．電圧降下の割合は，変圧器の等価回路を一次側あるいは二次側のどちらから見ても変わらない．そのため，％Zで表記すると変圧器の影響を考えなくて良い．この場合，二次側から見た％Zは，式（8-21）となる．

$$\%Z_2 = \frac{I_2 Z_2}{V_2} \times 100 \qquad (8\text{-}21)$$

また，式（8-21）を変圧器の巻き数比 a を用いて展開すると，式（8-22）で示すように同じ値になる．

$$\%Z_1 = \frac{I_1 Z_1}{V_1} \times 100 = \frac{\dfrac{I_2}{a} \times a^2 Z_2}{aV_2} \times 100$$

$$\%Z_1 = \frac{I_2 Z_2}{V_2} \times 100 = \%Z_2 \ [\%] \qquad (8\text{-}22)$$

⑵ 単位法

単位法は，基準電力，基準電圧，基準電流を設け，その基準値を1と定義し，各パラメータを基準値との比を用いて扱う．

基準値に対する比は一次側でも二次側でも同じ値であるため，変圧器の影響がなくなる．

基準値を 1 [p.u.] とおき，物理量をもつすべてのパラメータは式（8-23）のように無次元化される．

$$\left.\begin{array}{l} V_{\mathrm{pu}} = \dfrac{V}{V_{\mathrm{n}}} \\[2ex] I_{\mathrm{pu}} = \dfrac{I}{I_{\mathrm{n}}} \\[2ex] P_{\mathrm{pu}} = \dfrac{P}{P_{\mathrm{n}}} \end{array}\right\} \tag{8-23}$$

ここで，基準インピーダンス Z_{n} は式（8-24），線路の任意インピーダンスは式（8-25）で定義される．

$$Z_{\mathrm{n}} = \frac{V_{\mathrm{n}}}{I_{\mathrm{n}}} \tag{8-24}$$

$$Z_{\mathrm{pu}} = \frac{Z}{Z_{\mathrm{n}}} \ [\mathrm{p.u.}] \tag{8-25}$$

％インピーダンス法と単位法の関係は，式（8-26）で示される．

$$\%Z = \frac{I_{\mathrm{n}} Z}{V_{\mathrm{n}}} \times 100 = \frac{Z}{\dfrac{V_{\mathrm{n}}}{I_{\mathrm{n}}}} \times 100 = \frac{Z}{Z_{\mathrm{n}}} \times 100$$

$$\%Z = Z_{\mathrm{pu}} \times 100 \tag{8-26}$$

【参考文献】

（ 1 ）関根泰次, 河野照哉, 豊田淳一, 川瀬太郎, 松浦虔士, 大学課程送配電工学(改訂2版), オーム社(2011)

（ 2 ）麻生忠雄, 河野照哉, 電力工学Ⅱ, 電気工学基礎講座21, 朝倉書店(1989)

（ 3 ）大久保仁, 電力システム工学(新インターユニバーシティ), オーム社(2008)

（ 4 ）小山茂夫, 木方靖二, 鈴木勝行, 送配電工学, コロナ社(1999)

（ 5 ）山口純一, 中村格, 湯治敏史, 配電の基礎(第2版), 森北出版(2019)

（ 6 ）八坂保能, 電気エネルギー工学, 森北出版(2011)

（ 7 ）送配電工学(学習指導書), 電気学会

（ 8 ）今西周蔵, 送配電工学, コロナ社(1997)

（ 9 ）安達三郎, 大貫繁雄, 電気磁気学(第2版), 森北出版(2002)

（10）植月唯夫, 松原孝史, 箕田充志, 高電圧工学, コロナ社(2009)

（11）田辺茂, よくわかる送配電工学, 電気書院(2011)

（12）江間敏, 甲斐隆章, 電力工学(教科書シリーズ21), コロナ社(2005)

（13）鍛治幸悦, 岡田新之助, 電気回路(1), コロナ社(1992)

（14）永田武, 電力システム工学の基礎, コロナ社(2000)

（15）田村康男, 電力システムの計画と運用, オーム社(1996)

（16）荒井純一, 伊庭健二, 鈴木克巳, 藤田吾郎, 基本からわかる電力システム講義ノート, オーム社(2015)

（17）加藤政一, 田岡久雄, 電力システム工学の基礎, 数理工学社(2011)

（18）橋口清人, 松原孝史, 箕田充志, 電気回路A to Z, 電気書院(2014)

（19）植地修也, 電験三種受験テキスト電力(改訂3版), オーム社(2019)

（20）ポケット版要点整理　電験三種公式＆用語集, オーム社(2018)

（21）中央給電指令所パンフレット, 中国電力ネットワーク(2020)

（22）畑良輔, 電力ケーブル技術の変遷, 電気学会論文誌, Vol.121, pp.123-126 (2001)

（23）赤木康之, 架空送電用電線の変遷, 電気学会論文誌, Vol.122, pp.172-175 (2002)

（24）電気事業連合会, 電気事業のデータベース(INFOBASE)

索引

〜〜〜 著 者 略 歴 〜〜〜

箕田 充志（みのだ あつし）

1993年　豊橋技術科学大学 工学部 電気・電子工学課程卒業
1995年　豊橋技術科学大学 大学院 工学研究科 電気・電子工学専攻 修士課程修了
1998年　豊橋技術科学大学 大学院 工学研究科 電子・情報工学専攻 博士課程修了
1998年　豊橋技術科学大学 博士（工学）
1998年　松江工業高等専門学校 電気工学科 講師
2001年　松江工業高等専門学校 電気工学科 助教授
2006年　在外研究員 The University of New South Wales
2007年　松江工業高等専門学校 電気工学科 准教授
2013年　松江工業高等専門学校 電気工学科（現，電気情報工学科）教授
　　　　現在に至る

©Atsushi Minoda 2022

しっかり学べる送配電工学

2022年 9月14日　　第1版第1刷発行

著　者　箕　田　充　志
　　　　みの　だ　あつ　し

発行者　田　中　聡

発　行　所
株式会社　電　気　書　院
ホームページ　www.denkishoin.co.jp
（振替口座　00190-5-18837）
〒101-0051　東京都千代田区神田神保町1-3 ミヤタビル2F
電話（03）5259-9160／FAX（03）5259-9162

印刷　中央精版印刷株式会社　DTP　Mayumi Yanagihara
Printed in Japan／ISBN978-4-485-66559-6

・落丁・乱丁の際は，送料弊社負担にてお取り替えいたします．